U0260316

广东科学技术学术专著项目资金资助出版

芒果 种质资源图谱

MANGGUO ZHONGZHI ZIYUAN TUPU

武红霞　马小卫　詹儒林　等/著

中国农业出版社

北京

图书在版编目（CIP）数据

芒果种质资源图谱/武红霞等著．—北京：中国
农业出版社，2021.5
广东科学技术学术专著项目资金资助出版
ISBN 978-7-109-27989-6

Ⅰ.①芒…　Ⅱ.①武…　Ⅲ.①芒果-种质资源-图谱
Ⅳ.①S667.724-64

中国版本图书馆CIP数据核字（2021）第038135号

中国农业出版社出版

地址：北京市朝阳区麦子店街18号楼
邮编：100125
责任编辑：史佳丽　黄　宇
版式设计：王　晨　责任校对：吴丽婷　责任印制：王　宏
印刷：北京华联印刷有限公司
版次：2021年5月第1版
印次：2021年5月北京第1次印刷
发行：新华书店北京发行所
开本：787mm×1092mm　1/16
印张：21.5
字数：495千字
定价：290.00元

《芒果种质资源图谱》

著者名单

武红霞　马小卫　詹儒林　王松标

许文天　姚全胜　郑　斌　苏穆清

梁清志　李　丽　何小龙　马蔚红

摄　影：许秋健　武红霞　周毅刚

　　　　　雷博林　冯文星

著者单位

中国热带农业科学院南亚热带作物研究所

农业农村部热带果树生物学重点实验室

国家重要热带作物工程技术研究中心——芒果研发部

攀枝花芒果科技创新中心（湛江）

海南省热带园艺采后处理与保鲜重点实验室

《芒果种质资源图谱》

本书由下列项目资助

广东省科技计划项目"芒果种质资源图谱"（2018A030321004）

国家重点研发计划子课题"芒果菠萝果实品质形成与调控"（2018YFD1000504）

国家重点研发计划子课题"热带作物种质资源精准评价与基因发掘"（2019YFD1000504）

国家热带果树种质资源平台运行服务项目（NICGR2018—95）

农业农村部物种品种资源保护费项目（125163006000160001）

热带果树种质资源的收集、鉴定、编目、繁种与入库（圃）保存（19200401）

芒果病虫害绿色防控（15216038）

PREFACE 序

芒果是重要的热带水果之一，素有"热带果王"之美誉。芒果因其果肉肉质细腻、风味独特，营养丰富，深受消费者喜爱。我国是世界第二大芒果生产国，芒果主要分布在我国海南、广西、云南、四川、广东、福建和贵州等省份。20世纪50年代以来，中国热带农业科学院南亚热带作物研究所一直从事芒果种质资源收集、保存、鉴定、评价与创新利用研究，建立了国家热带果树种质资源圃（芒果），并对种质资源开展了系统深入的研究，积累了大量珍贵的数据资料，选育出粤西1号、红芒6号、凯特、热农1号、热农2号等芒果新品种。《芒果种质资源图谱》一书正是该所几代研究人员对芒果种质资源长期辛勤研究的结晶。该书图文并茂，向读者介绍了芒果种质资源描述规范、芒果种质资源遗传多样性，建立了76个芒果品种标准图谱。该书内容丰富、数据翔实，具有重要学术价值，必将对我国芒果种质资源的科研、教学和产业发展起到重要的参考和促进作用。

国际园艺学会芒果专业委员会主席 陈平

2020年11月5日

　　芒果属于漆树科（Anacardiaceae）芒果属（*Mangifera*），素有"热带果王"之美誉。该属约69个种，其中果实可食用的有15个种。全世界芒果栽培品种超过1000个，绝大多数属于普通芒果（*Mangifera indica* Linn.）。芒果原产于亚洲东南部的印度、缅甸、泰国、印度尼西亚、菲律宾一带，现广泛分布在亚洲、非洲的东部和西部及美洲等热带地区。在长期的自然和人为选择过程中，形成了丰富多彩的种质资源，其中印度是资源最丰富的国家。相传在公元632—642年，芒果由唐玄奘西行取经时从印度引入我国，至今已有1 300多年历史，但资源一直较缺乏。20世纪60年代以来，随着芒果资源的广泛收集引进与一批优良品种的选育和推广，我国的芒果产业才迅速发展壮大。我国是芒果主产国之一，主要分布在海南、广东、广西、云南、四川和福建等省份。2019年，我国芒果种植面积32.27万hm^2，产量278万t（农业农村部南亚办）。

　　中国热带农业科学院南亚热带作物研究所芒果研究始于20世纪50年代末，是我国最早开展芒果研究的单位之一，在种质资源收集、引种试种、新品种选育等方面取得一些重要进展。目前，已收集保存国内外种质资源300余份，制定了农业行业标准《芒果种质资源描述规范》，并依据规范开展了资源的描述评价工作，积累大量的图片和基础数据，为芒果资源创新利用奠定了良好的基础。而且，筛选出大量优异种质用于育种，选育出粤西1号、红芒6号、凯特、热农1号、热农2号等新品种。目前，红芒6号、凯特、热农1号均是我国主栽品种，为丰富我国芒果品种结构和促进产业发展做出了突出的贡献。"芒果种质资源收集、评价及创新利用研究"于2013年获神农中华农业科技奖一等奖。

　　为了帮助从事芒果科研、教学工作的人员，特别是育种工作者了解芒果品种资源特性，以便更好地用于杂交育种和新品种选育，也为了让种植者正确认识、使用品种，以达到高产、优质、高效益的目的，笔者编写《芒果种质资源图谱》，把中国热带农业科学院南亚热带作物研究所保存的种质资源和品种特性以图片与文字的形式介绍给广大读者。

本书共分三章。第一章，芒果种质资源描述规范，根据种质资源的植物学特征、生物学特性和果实性状，提出了芒果种质资源描述内容，包括植物学特征、生物学特性和果实性状。第二章，芒果种质资源遗传多样性图谱，从树、叶、花、果、果核和种仁等方面，展示了多样性图谱。第三章，芒果品种图谱，分为我国自主选育的芒果品种、我国芒果主栽品种、国外引进的芒果品种和国内外早期芒果品种4节，这4节各有侧重互相又有交叉，在产业形成和发展历程中对芒果产业做出了积极的贡献。目前已收集的芒果种质资源有300余份，但因种质资源描述和图谱拍摄是一个系统的工程，需要不断完善数据资料，因此本书仅对76个品种的基本信息、植物学特征、生物学特性和果实性状等进行了规范性描述和综合评价，同时全方位展示芒果品种树、叶、花、果、果核、种仁等详尽的标准图谱。

本书在编写过程中力求文字简洁、图像美观，数据准确、可靠可比，共选择了2 000余张彩色图像。希望本书的出版可为芒果优异资源的利用、芒果杂交育种亲本材料的选择及重要性状基因挖掘等基础研究提供较为全面、完整的资料，为我国科研、教学和产业发展起到重要的参考和促进作用。

本书的出版得到了广东省科技计划项目"芒果种质资源图谱"（2018A030321004），国家热带果树种质资源平台运行服务项目（NICGR2018-95），农业农村部物种品种资源保护费项目（125163006000160001），热带果树种质资源收集、鉴定、编目、繁殖与入库（圃）保存（19200401）等项目的资助。本书在编写过程中得到诸多专家、学者和相关人士的帮助，在此一并表示衷心的感谢。

由于本书编写时间较短，收集到的资料不够全面，有待以后进一步补充完善。此外，限于编者水平，错误和遗漏之处在所难免，敬请专家、读者指正。

著　者

2020.12

CONTENTS 目 录

第一章 芒果种质资源描述规范

（一）适用标准

1. 范围

本标准规定了漆树科（Anacardiaceae）芒果属（*Mangifera*）种质资源描述的要求与方法。

本标准适用于芒果属种质资源描述。

2. 规范性引用文件

下列标准中的条款通过本标准的引用而成为本标准的条款。凡是注日期的引用文件，其随后所有的修改单（不包括勘误的内容）或修订版均不适用于本标准。然而，鼓励根据本标准达成协议的各方研究是否可使用这些标准的最新版本。凡是不注日期的引用文件，其最新版本适用于本标准。

GB/T 2260　中华人民共和国行政区划代码

GB/T 2659　世界各国和地区名称代码（GB/T 2659—2000，ISO3166:1997，IDT）

GB/T 6195　水果、蔬菜维生素C含量测定方法(2，6-二氯靛酚滴定法）

GB/T 12143　饮料通用分析方法

GB/T 12316　感官分析方法"A"-非"A"检验

GB/T 15034　芒果 贮藏导则（GB/T 15034—2009，eqvISO6660:1980）

NY/T 492　芒果（NY/T 492—2000，CODEX STAN 184—1993,MOD）

NY/T 1688腰果种质资源鉴定技术规范

3. 要求

（1）样本采集

在植株进入稳定结果期并在正常生长情况下随机采集的代表性样本。

（2）描述内容

描述内容见表1-1。

表1-1 芒果种质资源描述内容

描述类别		描述内容
种质基本信息		全国统一编号、种质库编号、种质圃编号、采集号、引种号、种质名称、种质外文名、科名、属名、学名、种质类型、主要特性、主要用途、系谱、遗传背景、繁殖方式、选育单位、育成年份、原产国、原产省、原产地、原产地经度、原产地纬度、原产地海拔、采集地、采集单位、采集时间、采集材料、保存单位、保存单位编号、种质保存名、保存种质的类型、种质定植年份、种质更新年份、图像、特性鉴定评价的机构名称、鉴定评价的地点、备注
植物学特征	树和枝条	树姿、树形、枝梢密度、主干颜色、主干光滑度、幼嫩枝条颜色、成熟枝条颜色
	叶	叶形、叶着生姿态、叶片长度、叶片宽度、叶形指数、叶脉、叶片质地、叶尖、叶基、叶缘、叶柄长度、成熟叶颜色、叶气味、幼叶颜色
	花序和花	二次花/多次花、开花规律、花序轴着生姿态、花序着生位置、花序形状、花序长度、花序宽度、小花密度、两性花百分率、花的形态类型、花梗颜色、花盘特性、雄蕊数目、花的直径
农艺性状		抽梢期、花期长短、初花期、盛花期、末花期、开花习性、初果期树龄、大量采果日期、果实成熟特性、单株产量、丰产性、果实收获期、果实耐贮期
品质性状		单果质量、果实纵径、果实横径、果实侧径、果形指数、果实形状、果喙、果窝、果顶、果洼、果颈、腹沟、果肩、果梗着生方式、青熟果果皮颜色、完熟果果皮颜色、果皮厚度、果粉、果皮光滑度、皮孔密度、果皮与果肉的黏着度、果肉颜色、果肉质地、果汁多少、果肉纤维数量、果肉纤维长度、果核质量、果核表面特征、果核脉络形状、果核纵径、果核横径、果核侧径、种仁占种核的比例、种仁形状、种仁纵径、种仁横径、种仁质量、胚类型、果实硬度、可食率、可溶性固形物含量、可溶性糖含量、可滴定酸含量、维生素C含量、果实香气、松香味、果实风味、食用品质

（二）种质基本信息

1. 全国统一编号

种质资源的全国统一编号，由树种编号加保存单位代码加上顺序号码组成的字符串（4位顺序码从"0001"到"9999"），种质资源编号具有唯一性。

2. 种质库编号

种质资源长期保存库编号，"GP"加2位作物代码再加4位顺序号组成。每份种质具有唯一的种质库编号。

3. 种质圃编号

种质资源保存圃编号，编号方法同种质库编号。若种质库与种质圃同时保存的，在种质库编号的基础上加个圃（P）字。

4. 采集号

种质在野外采集时赋予的编号，一般由年份加2位省份代码加顺序号组成。

5. 引种号

引种号是由年份加4位顺序号组成的8位字符串，如"19940024"，前4位表示种质从外地引进年份，后4位为顺序号，从"0001"到"9999"。每份引进种质具有唯一的引种号。

6.种质名称

国内种质的原始名称，如果有多个名称，可以放在英文括号内，用英文逗号分隔；国外引进种质如果没有中文译名，可以直接填写种质的外文名。

7.种质外文名

国外引进种质的外文名和国内种质的汉语拼音名，每个汉字的首字拼音大写，字间用连接符。

8.科名

漆树科(Anacardiaceae)。

9.属名

芒果属（Mangifera）。

10.学名

种质资源的科学名称。

11.种质类型

芒果种质资源的类型，分为野生资源、半野生资源、地方品种（系）、引进品种（系）、选育品种（系）、遗传材料、其他。

12.主要特性

芒果种质资源的主要特性，分为产量、品质、抗性、其他。

13.主要用途

种质资源的主要用途，分为食用、药用、观赏、纤维、材用、砧木用、其他。

14.系谱

芒果选育品种(系)的亲缘关系或杂交组合名称。

15.遗传背景

芒果的遗传背景，分为自花授粉、异花授粉、种间杂交、种内杂交、无性选择、自然突变、人工诱变、其他。

16.繁殖方式

芒果的繁殖方式，分为嫁接、扦插、实生、组织培养、其他。

17.选育单位

选育芒果品种(系)的单位或个人。单位名称应写全称。

18.育成年份

芒果品种(系)通过新品种审定或登记的年份，用4位阿拉伯数字表示。

19.原产国

芒果种质的原产国家、地区或国际组织名称。国家和地区名称参照GB/T 2659，如该国家已不存在，应在原国家名称前加"前"。

20.原产省

省份名称按照GB/T 2260执行。国外引进种质原产省用原产国家一级行政区的名称。

21.原产地

种质的原产县、乡、村名称。县名按照GB /T 2260。

22. 原产地经度

种质原产地的经度，单位为度和分。格式为DDDFF，其中DDD为度，FF为分。

23. 原产地纬度

种质原产地的纬度，单位为度和分。格式为DDFF，其中DD为度，FF为分。

24. 原产地海拔

单位为米（m）。

25. 采集地

芒果种质的来源国家、省、县名称，地区名称或国际组织名称。

26. 采集单位

芒果种质采集单位或个人全称。

27. 采集时间

以"年月日"表示，格式"YYYYMMDD"。

28. 采集材料

芒果种质收集时采集的种质材料类型，分为种子、果实、芽、芽条、花粉、组织培养材料、苗木、其他。

29. 保存单位

负责芒果种质繁殖并提交国家种质资源长期库前的原保存单位或个人全称。

30. 保存单位编号

芒果种质在原保存单位中的种质编号。保存单位编号在同一保存单位应具有唯一性。

31. 种质保存名

芒果种质在资源圃中保存时所用的名称，应与来源名称相一致。

32. 保存种质的类型

保存种质资源的类型，分为植株、种子、组织培养物、花粉、DNA、其他。

33. 种质定植年份

芒果种质资源在资源圃中定植的年份。

34. 种质更新年份

芒果种质资源进行换种或重植的年份。

35. 图像

芒果种质的图像文件名，图像格式为.jpg。图像文件名由"统一编号"加"-"加序号加".jpg"组成。图像要求600dpi以上或1024×768以上。

36. 特性鉴定评价的机构名称

芒果种质特性鉴定评价的机构名称，单位名称应写全称。

37. 鉴定评价的地点

芒果种质植物学特征和生物学特性的鉴定评价地点，记录到省和县。

38. 备注

资源收集者了解的生态环境的主要信息、产量、栽培实践等。

（三）植物学特征

1. 树和枝条

（1）树姿

在末次秋梢充分老熟以后，取代表性植株3株以上，每株测量3个基部一级侧枝中心轴线与主干的夹角，按图1-1并依据夹角的平均值确定树姿类型，分为直立（夹角＜30°）、中等（30°≤夹角＜60°）、开张（夹角≥60°）。

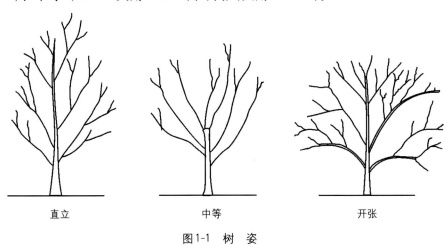

直立　　　　　　　　中等　　　　　　　　开张

图1-1　树　姿

（2）树形

按图1-2以最大相似原则确定树形类型，分为椭圆形、塔形、扁圆形、圆头形、其他。

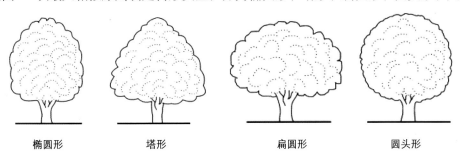

椭圆形　　　　　塔形　　　　　扁圆形　　　　　圆头形

图1-2　树　形

（3）枝梢密度

确定树冠枝梢的密集程度，分为疏、中等、密。

（4）主干颜色

在秋梢老熟期，观察主干颜色，用标准比色卡按最大相似的原则确定主干颜色，分为灰白、灰褐、浅褐、黑褐、其他。

（5）主干光滑度

观察实生苗的主干全部或嫁接苗的嫁接口上方主干部分的光滑度，确定植株的主干光滑度，分为光滑、粗糙。

（6）幼嫩枝条颜色

在新梢生长期，观察植株幼嫩枝条刚展叶尚未木质化时的表皮颜色，用标准比色卡按最大相似原则确定幼嫩枝条颜色，分为淡绿、紫红、其他。

（7）成熟枝条颜色

在末次秋梢充分成熟后至抽梢或开花前，观察植株外围中上部的成熟枝条颜色，用标准比色卡按最大相似原则确定种质的成熟枝条颜色，分为灰白、灰褐、绿色、其他。

2.叶

（1）叶形

在末次秋梢充分成熟后，随机抽取植株外围中上部末次秋梢20片成熟叶，按图1-3以最大相似原则确定种质的叶形，分为椭圆形、长椭圆形、卵形、倒卵形、披针形、倒披针形、其他。

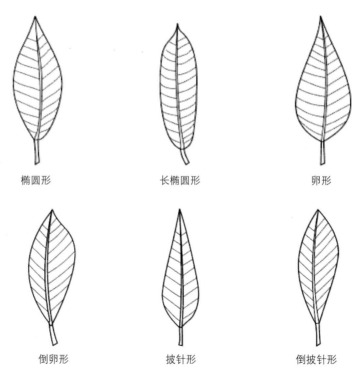

| 椭圆形 | 长椭圆形 | 卵形 |

| 倒卵形 | 披针形 | 倒披针形 |

图1-3　叶　形

（2）叶着生姿态

在末次秋梢充分成熟后，观察树冠外围不同方向当年生成熟枝梢，依叶柄与叶身间的弯曲程度，按图1-4以最大相似原则确定向上生长枝条上叶的着生姿态，分为直立、水平、半下垂。

| 直立 | 水平 | 半下垂 |

图1-4　叶着生姿态

（3）叶片长度

测量叶片基部至叶尖端长度，取平均值。精确到0.1cm。

（4）叶片宽度

测量叶片最宽处的宽度，取平均值。精确到0.1cm。

（5）叶形指数

计算叶片长度/叶片宽度的比值。精确到0.1。

（6）叶脉

观察确定叶侧脉的疏密程度，分为密、中等、疏。

（7）叶片质地

观察叶片质地，分为革质、膜质、纸质。

（8）叶尖

按图1-5以最大相似原则确定叶尖形状，分为钝尖、急尖、渐尖。

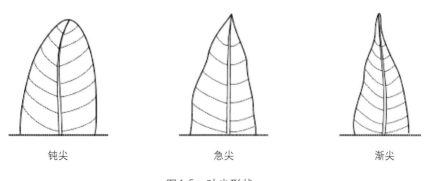

| 钝尖 | 急尖 | 渐尖 |

图1-5　叶尖形状

（9）叶基

按图1-6以最大相似原则确定叶基形状，分为楔形、钝形、圆形。

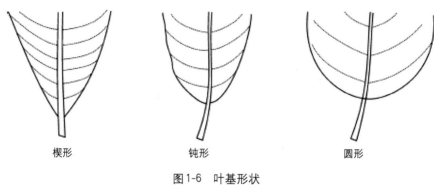

楔形　　　　　　　钝形　　　　　　　圆形

图1-6　叶基形状

（10）叶缘

按图1-7以最大相似原则确定叶缘形状，分为平展形、波浪形、折叠形、皱波形、其他。

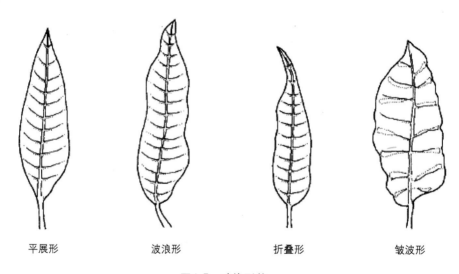

平展形　　　　　波浪形　　　　　折叠形　　　　　皱波形

图1-7　叶缘形状

（11）叶柄长度

测量叶片的叶柄长度，取平均值。精确到0.1cm。

（12）成熟叶颜色

观察每片成熟叶正面的颜色，用标准比色卡按最大相似原则确定成熟叶颜色，分为浅绿、绿色、深绿、浓绿、其他。

（13）叶气味

碾碎并闻其气味，分为无、淡、浓。

（14）幼叶颜色

在新梢生长期，目测树冠外围中上部新梢每片完全展开幼叶正面的颜色，用标准比色卡按最大相似原则确定幼叶颜色，分为浅绿、古铜、淡紫、紫、紫红、红、其他。

3.花序和花

(1) 二次花/多次花

观察植株二次花、多次花的情况，分为无、少、中等、多。

(2) 开花规律

观察植株开花的规律，分为每年开花、隔年开花和无规律。

(3) 花序轴着生姿态

观察花序主轴在枝条上的着生状态，分为半直立、水平、下垂。

(4) 花序着生位置

在植株开花盛期，观察花序的着生位置，以最多出现的为准，分为顶生、腋生、其他。

(5) 花序形状

在植株开花盛期，随机选树冠外围不同部位典型花芽抽出的顶端花序10个，测量每个花序的长度和宽度，计算长度/宽度的比值，取平均值，按图1-8确定花序形状，分为长圆锥形（花序长度/花序宽度≥1.5）、圆锥形（1.0＜花序长度/花序宽度＜1.5）、宽圆锥形（花序长度/花序宽度≤1.0）、其他。

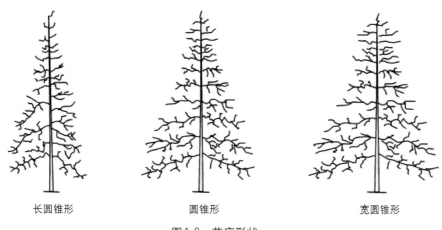

长圆锥形　　　　　　　圆锥形　　　　　　　宽圆锥形

图1-8　花序形状

(6) 花序长度

测量花序基部至先端的长度，取平均值。精确到0.1cm。

(7) 花序宽度

测量花序最大处的宽度，取平均值。精确到0.1cm。

(8) 小花密度

目测观察花序上小花分布的疏密程度，分为疏散、中等、密集。

(9) 两性花百分率

人工每天去除一次已经完全开放的花朵，并对花序每天开的两性花的朵数(n_i)和总的开花朵数(N_i)进行统计，直至花序上所有的花朵完全开放完毕。两性花百分率按式（1-1）

计算。精确到0.1%。

$$X = \frac{\sum n_i}{\sum N_i} \times 100\% \qquad\qquad (1\text{-}1)$$

式中　X——两性花百分率；

　　　n_i——每天开的两性花的朵数；

　　　N_i——总的开花朵数。

（10）花的形态类型

观察完全开放花的形态类型，以最多类型出现为主确定花的形态类型，分为五花瓣、四花瓣、混合花瓣、其他。

（11）花梗颜色

观察花梗颜色，用标准比色卡按最大相似原则确定种质的花梗颜色，分为浅绿、黄绿、绿带红、浅紫、紫红、红色、其他。

（12）花盘特性

观察花盘特征，分为花盘肿胀、浅裂，比子房宽大；花盘窄、常常小或无。

（13）雄蕊数目

观察花朵雄蕊的数目（单位为个）和雄蕊特征（可育、全育），分为10～12个（4～6个可育）、5个（全育）、5个（3个可育）、5个（1～2个可育）。

（14）花的直径

测量正常开放状态花朵的最大直径，计算平均值。精确到0.1mm。

（四）农艺性状

1. 抽梢期

在生长期，以整个试验小区为调查对象，记录50%植株开始抽生新梢的日期。表示方法为"年月日"，格式"YYYYMMDD"。分为春梢、夏梢、秋梢、晚秋梢、冬梢。

2. 花期长短

记录种质同一植株上从第一朵花开放到最后一朵花凋谢所经历的时间。精确到1d。

3. 初花期

观察全树初花情况，记录有约5%花朵开放的日期。以"年月日"表示，格式"YYYYMMDD"。

4. 盛花期

观察全树盛花情况，记录有约25%花朵开放的日期。以"年月日"表示，格式"YYYYMMDD"。

5. 末花期

观察全树末花情况，记录有约75%花朵已开放的日期。以"年月日"表示，格式"YYYYMMDD"。

6. 开花习性

记录初花期，确定种质的开花习性，分为早、中、晚。

7. 初果期树龄

植株首次开花结果的树龄。单位为 y。

8. 大量采果日期

在果实成熟期，记录种质集中采收果实的日期（75% 达到 NY/T 492 中青熟要求）。格式为"MMDD"。

9. 果实成熟特性

记录大量采果日期，确定种质的成熟特性，分为极早、早、中、晚、极晚。

10. 单株产量

在成年结果树果实成熟期，随机取样 3 株以上，称果实质量，计算平均值。精确到 0.1kg。

11. 丰产性

根据单株产量，确定植株的丰产性，分为丰产、中等、不丰产。

12. 果实收获期

在结果期，随机抽取 3 株以上正常开花结果植株为调查对象，记载果实第一次采收至最后一次采收之间的时间。精确到 1d。

13. 果实耐贮期

在采收期，随机抽取 20 个成熟度达到 GB/T 15034 中收获要求的果实，放置常温条件下贮藏的时间。单位为 d。

（五）品质性状

1. 单果质量

在果实成熟期，从树体上随机抽取 20 个正常果实，称取果实质量，计算平均单果质量。精确到 0.1g。

2. 果实纵径

测量果实果顶至果基的最长距离，结果以平均值表示。精确到 0.1cm。

3. 果实横径

测量果实最大横切面的最长距离，结果以平均值表示。精确到 0.1cm。

4. 果实侧径

测量果实最大横切面垂直方向的最长距离，结果以平均值表示。精确到 0.1cm。

5. 果形指数

计算果实纵径/果实横径的比值，精确到 0.1。

6. 果实形状

按图 1-9 以最大相似原则确定种质的果实形状，分为长椭圆形、椭圆形、圆球形、卵形、象牙形、S 形、扁圆形、肾形、其他。

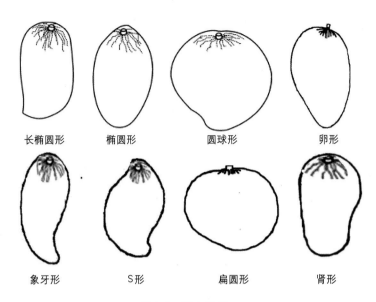

| 长椭圆形 | 椭圆形 | 圆球形 | 卵形 |

| 象牙形 | S形 | 扁圆形 | 肾形 |

图1-9 果实形状

7. 果喙

按图1-10以最大相似原则确定果喙类型，分为无、点状、突出、乳头状、其他。

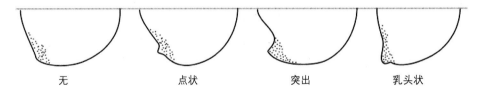

| 无 | 点状 | 突出 | 乳头状 |

图1-10 果喙类型

8. 果窝

按图1-11以最大相似原则确定果窝类型，分为无、浅、深。

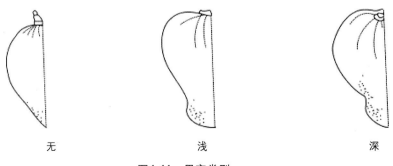

| 无 | 浅 | 深 |

图1-11 果窝类型

9. 果顶

按图1-12以最大相似原则确定果顶类型，分为尖、钝、圆、其他。

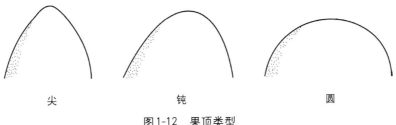

尖　　　　　　　　钝　　　　　　　　圆

图1-12　果顶类型

10. 果洼

按图1-13以最大相似原则确定果洼类型，分为无、浅、中等、深、极深。

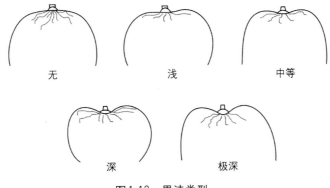

无　　　　　　　浅　　　　　　　中等

深　　　　　　　极深

图1-13　果洼类型

11. 果颈

按图1-14以最大相似原则确定果颈类型，分为无、微突、中等、极突出。

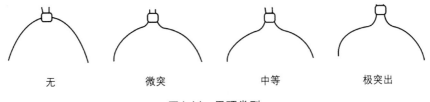

无　　　　　微突　　　　　中等　　　　　极突出

图1-14　果颈类型

12. 腹沟

观察果实腹肩至果腹有无明显的沟槽确定腹沟的有无，分为无、有。

13. 果肩

按图1-15以最大相似原则，观察果实腹肩和背肩的形状，分为斜平、平、突起。

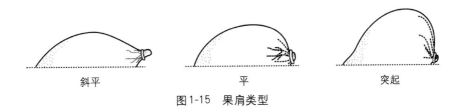

斜平　　　　　　　平　　　　　　　突起

图1-15　果肩类型

14. 果梗着生方式

观察果梗着生方式，分为垂直、倾斜。

15. 青熟果果皮颜色

观察青熟果实外果皮颜色，用标准比色卡按最大相似原则确定种质的青熟果果皮颜色，分为底色与盖色。

（1）底色

果实底色分为绿色、黄色、紫色、红色、其他。

（2）盖色

果实盖色分为橙色、紫色、红色、其他。

16. 完熟果果皮颜色

在果实完熟期，随机取20个果实，观察完熟果实外果皮颜色，用标准比色卡按最大相似原则确定种质的完熟果果皮颜色，分为底色与盖色。

（1）底色

果实底色分为绿色、黄色、橙色、紫色、红色、其他。

（2）盖色

果实盖色分为橙色、紫色、红色、黄色、其他。

17. 果皮厚度

充分去除果肉，测量果实中部外果皮的厚度。结果以平均值表示，精确到0.1mm。

18. 果粉

观察果实表面覆盖的蜡质层确定果粉多少，分为无、薄、中等、厚。

19. 果皮光滑度

观测果实的外果皮是否光滑，确定外果皮光滑度，分为光滑、粗糙。

20. 皮孔密度

观察果实的外果皮皮孔的密集程度，分为稀、中等、密。

21. 果皮与果肉的黏着度

用手剥皮，感知果皮与果肉是否黏着，分为不黏、中等、黏。

22. 果肉颜色

紧贴种壳剖开果实，用标准比色卡按最大相似原则确定种质的果肉颜色，分为乳白、乳黄、浅黄、金黄、深黄、橙黄、橙红、其他。

23. 果肉质地

观察确定成熟果实的果肉质地，分为细腻、中等、粗硬。

24. 果汁多少

观察确定成熟果实果汁的多少，分为少、中等、多。

25. 果肉纤维数量

观察确定果肉纤维数量，分为无、少、中等、多。

26. 果肉纤维长度

观察确定果肉纤维长短，分为短、中等、长。

27. 果核质量

称量果核质量，计算平均值。精确到0.1g。

28. 果核表面特征

去除果核表面的纤维，观察并确定种质的果核表面特征，分为平滑、凹陷、隆起。

29. 果核脉络形状

观察并确定种壳的脉络形状，分为平行、交叉。

30. 果核纵径

测量果核顶部至基部的最长距离，结果以平均值表示。精确到0.1cm。

31. 果核横径

测量果核最宽处的距离，结果以平均值表示。精确到0.1cm。

32. 果核侧径

测量果核最厚处的距离，结果以平均值表示。精确到0.1cm。

33. 种仁占种壳的比例

打开种壳，观察种仁体积占种壳内腔的比例，分为≤25%、26%～50%、51%～75%、76%～100%。

34. 种仁形状

去除种壳，取出种仁，按图1-16观察确定种仁形状，分为椭圆形、长椭圆形、肾形、其他。

椭圆形 　　　　　　　　 长椭圆形 　　　　　　　　 肾形

图1-16　种仁形状

35. 种仁纵径

测量种仁最长处的距离，结果以平均值表示。精确到0.1cm。

36. 种仁横径

测量种仁最宽处的距离，结果以平均值表示。精确到0.1cm。

37. 种仁质量

称量种仁质量，计算平均值。精确到0.1g。

38. 胚类型

去除种壳，观察种仁中胚的数目，以最多出现的类型为准，分为单胚、多胚。

39. 果实硬度

果实成熟期，随机抽取20个成熟度达到NY/T 492中完熟要求的果实，测定每个果实果肉的硬度。结果以平均值表示，精确到 $0.1kg/cm^2$。

40. 可食率

称量果实质量，去掉果肉，称量果皮果核质量，依据式（1-2）计算可食率。精确到 0.1%。

$$X = \frac{m_1 - m_2}{m_1} \times 100\% \qquad (1-2)$$

式中　X——可食率；

　　　m_1——果实质量，g；

　　　m_2——果皮和果核质量，g。

41. 可溶性固形物含量

按 GB/T 12143 规定执行。

42. 可溶性糖含量

按 NY/T 1688 附录规定执行。

43. 可滴定酸含量

按 NY/T 1688 附录规定执行。

44. 维生素C含量

按 GB/T 6195 规定执行。

45. 果实香气

按 GB/T 12316 检验，以品尝的方式判断果肉的香气，分为淡、中等、浓。

46. 松香味

按 GB/T 12316 检验，以品尝的方式判断果肉的松香味，分为无、淡、中等、浓。

47. 果实风味

以品尝的方式判断果肉风味，分为清甜、甜、浓甜、酸甜、酸。

48. 食用品质

成熟时的香气、酸度、甜度、风味综合评价果实的品质，分为差、中等、佳、极佳。

第二章 芒果种质资源遗传多样性图谱

芒果不同种质在树姿、树形、主干方面有一定的差异。树姿有直立、半开张、开张；树形有圆头形、伞形、扁圆形、椭圆形；主干光滑度有光滑和粗糙两种（图2-1至图2-3）。

直立

半开张

开张

图2-1 树 姿

圆头形　　　　　　　　　　　伞形

扁圆形　　　　　　　　　　　椭圆形

图2-2　树　形

光滑　　　　　　　　　　　粗糙

图2-3　主干光滑度

　　芒果不同种质在叶片的形态、大小与叶色、叶尖、叶基、叶缘等方面均有差异。叶形有长椭圆形、椭圆形、卵形、披针形；嫩叶颜色有浅绿、古铜、浅紫、紫红、红色；叶尖类型有渐尖、急尖、钝尖；叶基类型有楔形、钝形和圆形；叶缘类型有平展、波浪、折叠、皱波（图2-4至图2-8）。

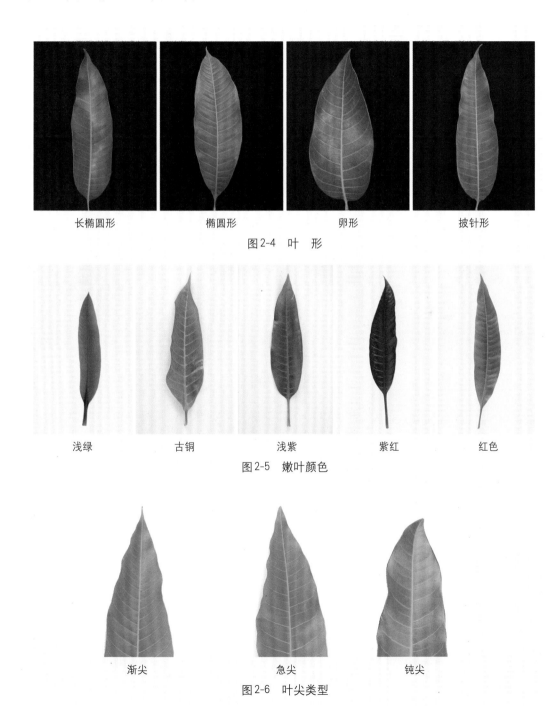

长椭圆形　　　　　椭圆形　　　　　卵形　　　　　披针形

图2-4　叶　形

浅绿　　　　古铜　　　　浅紫　　　　紫红　　　　红色

图2-5　嫩叶颜色

渐尖　　　　　　急尖　　　　　　钝尖

图2-6　叶尖类型

楔形   钝形   圆形

图2-7 叶基类型

平展   波浪   折叠   皱波

图2-8 叶缘类型

　　芒果不同种质的花序形状有长圆锥形、圆锥形、宽圆锥形；花梗颜色有浅绿、黄绿、绿带红、粉红、玫瑰红、红色；花瓣类型有四花瓣、五花瓣、六花瓣、七花瓣；花瓣颜色有黄白带黄条纹、粉红带黄条纹、粉红带红条纹（图2-9至图2-12）。

长圆锥形   圆锥形   宽圆锥形

图2-9 花序形状

| 浅绿 | 黄绿 | 绿带红 |
| 粉红 | 玫瑰红 | 红色 |

图2-10　花梗颜色

| 四花瓣 | 五花瓣 | 六花瓣 | 七花瓣 |

图2-11　花瓣类型

黄白带黄条纹　　　　　　　粉红带黄条纹　　　　　　　粉红带红条纹

图2-12　花瓣颜色

芒果不同种质的果实也表现出丰富的多样性。果实大小有小、中、大；果实形状可划分为长椭圆形、象牙形、S形、扁圆形、圆球形、肾形、卵形、椭圆形等；果喙类型可划分为无、点状、突出和乳头状；果窝类型可划分为无、浅、深；果梗着生方式可分为垂直和倾斜；果皮光滑度可划分为光滑和粗糙；按腹沟的有无可分为无腹沟和有明显腹沟；果洼类型可分为无、浅、中等、深、极深；果颈类型可分为无、微突、中等、极突出；果顶类型可分为尖、钝、圆。采收青熟果果皮颜色可分为绿色、绿黄色、红色、玫瑰红、紫红色；完熟果果皮颜色有绿色、绿黄色、黄色、金黄色、橙黄色、橙红色、玫瑰红、红色和紫红色；果肉颜色有乳白色、乳黄色、浅黄色、金黄色、橙黄色和橙红色（图2-13至图2-25）。

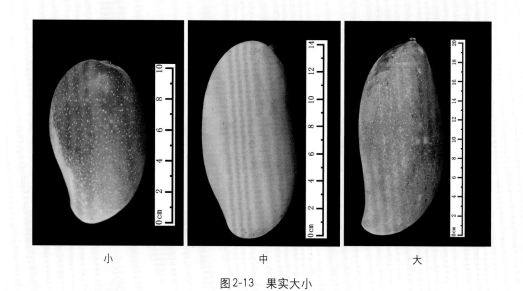

小　　　　　　　　　　中　　　　　　　　　　大

图2-13　果实大小

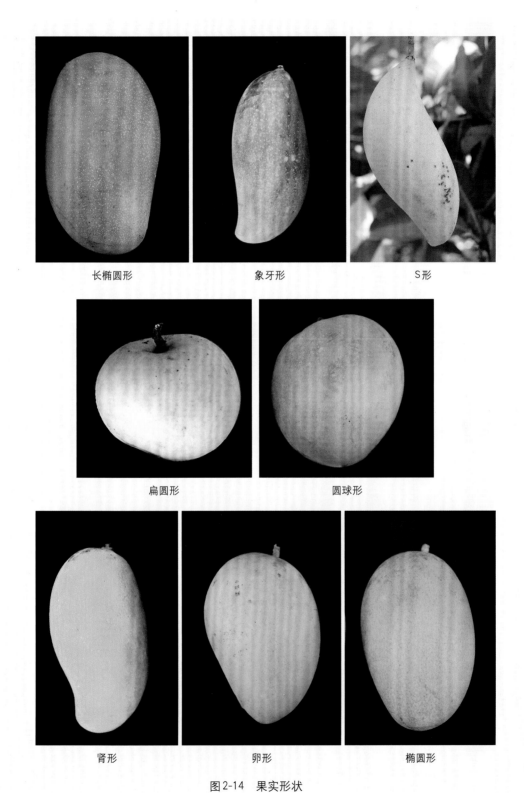

图2-14 果实形状

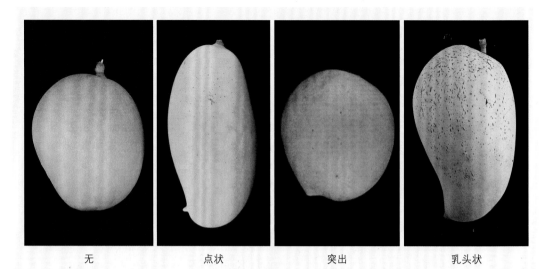

无　　　　　点状　　　　　突出　　　　　乳头状

图2-15　果喙类型

无　　　　　浅　　　　　深

图2-16　果窝类型

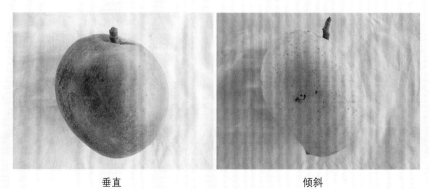

垂直　　　　　倾斜

图2-17　果梗着生方式

光滑   粗糙

图2-18　果皮光滑度

无   有

图2-19　腹　沟

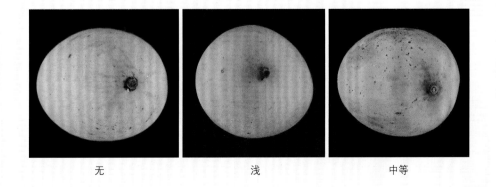

无   浅   中等

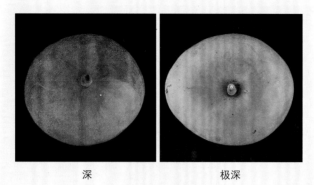

深　　　　　　　　　　极深

图2-20　果洼类型

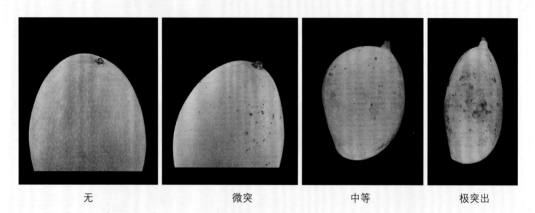

无　　　　　微突　　　　中等　　　　极突出

图2-21　果颈类型

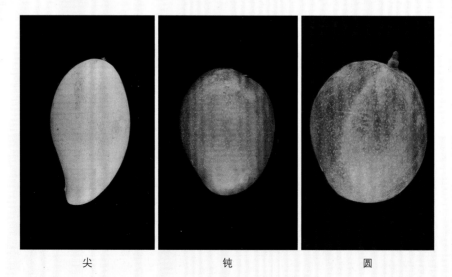

尖　　　　　　　钝　　　　　　　圆

图2-22　果顶类型

绿色　　　　　　　　　　绿黄色　　　　　　　　　　红色

玫瑰红　　　　　　　　　　　　　紫红色

图2-23　青熟果果皮颜色

绿色　　　　　　　　　　绿黄色　　　　　　　　　　黄色

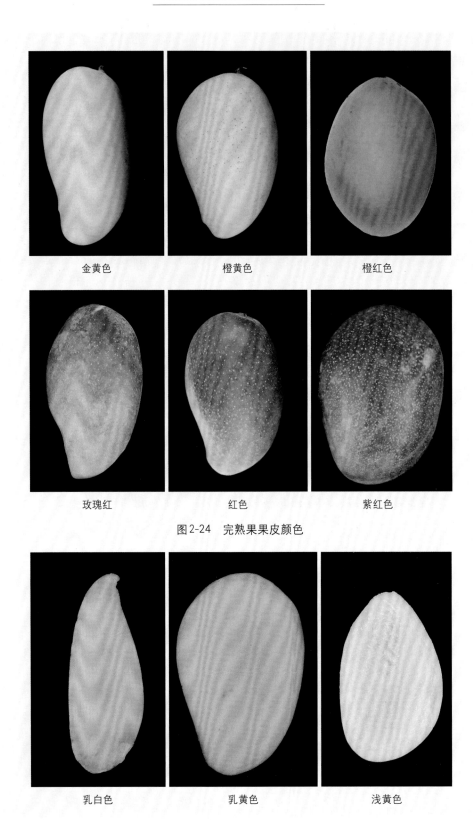

金黄色　　　　　　橙黄色　　　　　　橙红色

玫瑰红　　　　　　红色　　　　　　紫红色

图 2-24　完熟果果皮颜色

乳白色　　　　　　乳黄色　　　　　　浅黄色

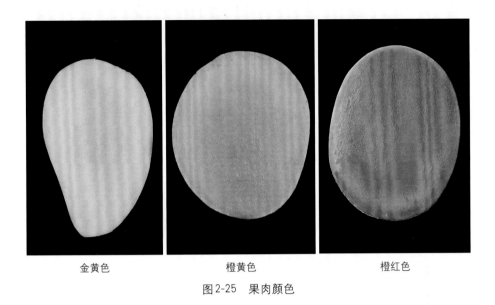

| 金黄色 | 橙黄色 | 橙红色 |

图2-25　果肉颜色

　　芒果不同种质的果核多样性也较丰富，果核表面特征有平滑、凹陷和隆起；果核脉络形状有平行和交叉；种仁形状有椭圆形、长椭圆形、肾形。胚类型有单胚和多胚（图2-26至图2-29）。

　　芒果优异种质资源丰富，有金煌芒、红象牙、甘红、Keitt等大果型优异资源，有粤西1号、热农2号等高维生素C含量种质，有台农1号、Dashehari等高可溶性固形物含量种质，有Dashehari、Mallika等特殊芳香种质。

| 平滑 | 凹陷 | 隆起 |

图2-26　果核表面特征

平行 　　　　　　　　　　　交叉

图2-27　果核脉络形状

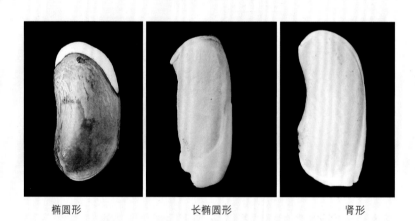

椭圆形　　　　　　　　长椭圆形　　　　　　　　肾形

图2-28　种仁形状

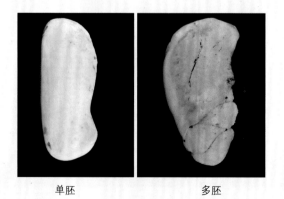

单胚 　　　　　　　　　　　多胚

图2-29　胚类型

第三章　芒果品种图谱

第一节　我国自主选育的芒果品种

粤西1号

品种名称：粤西1号

外文名：Yuexi No.1

原产地：中国广东

资源类型：选育品种

主要用途：鲜食

系谱：Carabao实生后代

选育单位：中国热带农业科学院南亚热带作物研究所

育成年份：1977年

树势：壮旺

盛花期：3月中旬（湛江）

成熟期：6月中下旬

果实发育期：约100d

果实形状：椭圆形

果实大小：小

单果质量：148g

果实外观：好

完熟果果皮颜色：橙黄

果肉颜色：黄

果肩：平

果洼：浅

果颈：无

果窝：无

果喙：点状

果顶：尖

果肉纤维数量：中等偏少

果实香气：淡

果实风味：清甜

胚类型：单胚

结实性能：好

可溶性固形物含量：17.4%

可滴定酸含量：0.23%

维生素C含量：66.6mg（100g，FW）

食用品质：中等

丰产性：丰产稳产

果实成熟特性：早熟

综合评价：早熟、易成花，耐低温阴雨，产量高，丰产稳产性好。

树

成熟叶

幼　叶

花 序

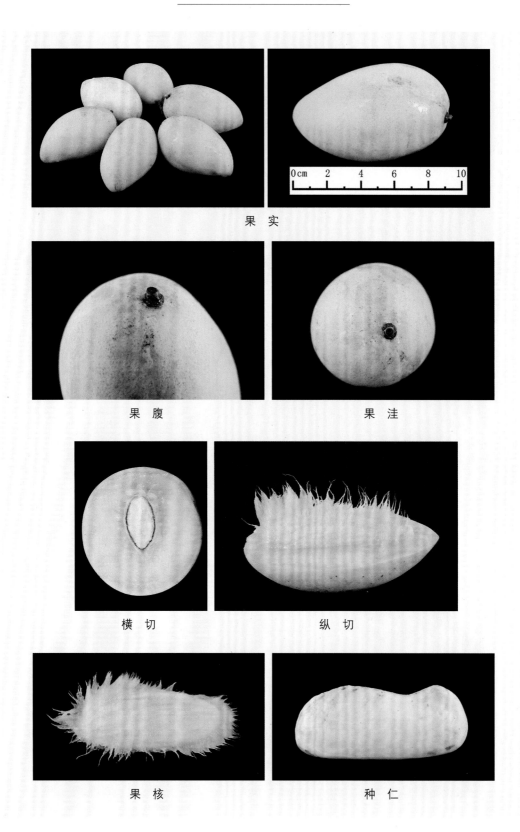

果 实

果 腹

果 洼

横 切

纵 切

果 核

种 仁

热农2号

品种名称：热农2号

外文名：Renong No.2

原产地：中国广东

资源类型：选育品种

主要用途：鲜食

系谱：实生后代

选育单位：中国热带农业科学院南亚热带作物研究所

育成年份：2014年

树势：中等偏弱

盛花期：3月上旬（湛江）

成熟期：7月中下旬

果实发育期：约125d

果实形状：椭圆形

果实大小：中等偏小

单果质量：253g

果实外观：好

完熟果果皮颜色：橙红

果肉颜色：亮黄

果肩：斜平

果洼：浅

果颈：无

果窝：浅

果喙：无

果顶：钝

果肉纤维数量：中等

果实香气：淡

果实风味：甜

胚类型：单胚

结实性能：好

可溶性固形物含量：17.3%

可滴定酸含量：0.12%

维生素C含量：52.2mg（100g，FW）

食用品质：佳

丰产性：丰产稳产

果实成熟特性：中熟

综合评价：中熟品种，耐低温阴雨，易成花、产量高、品质优、丰产稳产性好，果实抗性强、维生素C含量高。

树

成熟叶

幼　叶

花　序

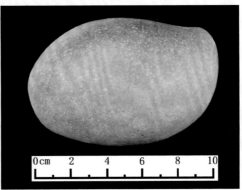

果 实

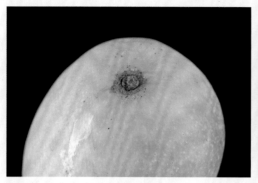

果腹

果洼

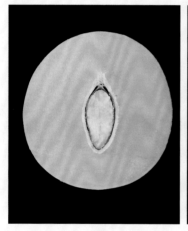

横切

纵切

果核

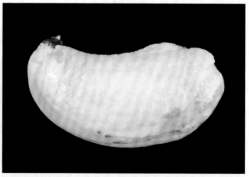

种仁

桂热芒82号

品种名称：桂热芒82号

外文名：Guire mang No.82

原产地：中国广西

资源类型：选育品种

主要用途：鲜食

系谱：Neelum实生后代

选育单位：广西壮族自治区农业科学院亚热带作物研究所

育成年份：1994年

树势：中等偏弱

盛花期：3月上旬（湛江）

成熟期：7月中下旬

果实形状：卵肾形

果实大小：中等偏小

单果质量：232g

果实外观：一般

完熟果果皮颜色：淡绿色

果肉颜色：黄

果肩：平

果洼：无

果颈：微突

果窝：浅

果喙：无或点状

果顶：钝

果肉纤维数量：少

果实香气：浓（仁面味）

果实风味：浓甜

胚类型：多胚

结实性能：好

可溶性固形物含量：18.0%

可滴定酸含量：0.24%

维生素C含量：5.18mg（100g，FW）

食用品质：佳

丰产性：丰产稳产

果实成熟特性：晚熟

综合评价：中晚熟、抗病、产量高，品质优、丰产稳产性好。

树

成熟叶

幼 叶

花 序

果 实

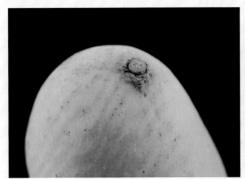

果 腹

果 颈

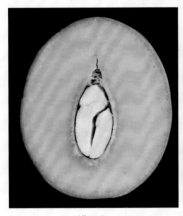

横 切

纵 切

果 核

种 仁

海　豹

品种名称：海豹

外文名：Haibao

原产地：中国海南

资源类型：选育品种

主要用途：鲜食

系谱：Nan Klang Wan实生后代

树势：弱

盛花期：2月中下旬（湛江）

成熟期：7月中旬

果实发育期：约125d

花序形状：长圆锥形

果实形状：象牙形

果实大小：大

单果质量：546g

果实外观：差

完熟果果皮颜色：橙黄

果肉颜色：黄

果肩：斜平

果洼：浅

果颈：微突

果窝：深

果喙：无

果顶：尖

果肉纤维数量：少

果实香气：淡

果实风味：甜

胚类型：多胚

结实性能：好

可溶性固形物含量：18.7%

可滴定酸含量：0.25%

维生素C含量：16.3mg（100g，FW）

食用品质：极佳

丰产性：丰产稳产

果实成熟特性：早中熟

综合评价：早中熟、丰产稳产，易感炭疽病。

树

成熟叶

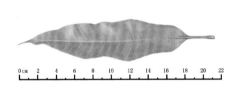

幼　叶

花　序

果　实

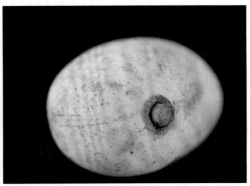

果　腹　　　　　　　　　　　果　洼

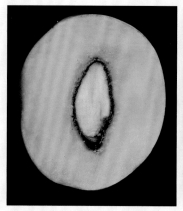
横 切

纵 切

果 核

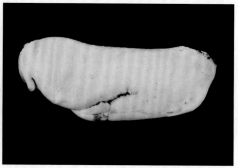
种 仁

紫花

品种名称：紫花

外文名：Zihua

原产地：中国广西

资源类型：选育品种

主要用途：鲜食或加工

系谱：Okrong 实生后代

选育单位：广西农学院

树势：弱

盛花期：3月下旬（湛江）

成熟期：7月下旬至8月上旬

两性花比率：16.7%～24.0%

果实发育期：约125d

果实形状：S形

果实大小：中等

单果质量：270g

果实外观：好

完熟果果皮颜色：橙黄

果肉颜色：黄

果肩：斜平

果洼：无

果颈：无

果窝：浅

果喙：突出

果顶：钝

果肉纤维数量：中等

果实香气：浓

胚类型：多胚

结实性能：好

可溶性固形物含量：14.9%

可滴定酸含量：0.52%

维生素C含量：13.1mg（100g，FW）

食用品质：较好

丰产性：丰产稳产

果实成熟特性：中熟

综合评价：中熟、酸度高、果实S形，维生素C含量高、丰产稳产、抗病性强。

树

成熟叶

幼　叶

花　序

果　实

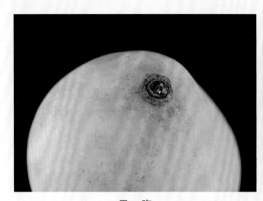

果腹

果洼

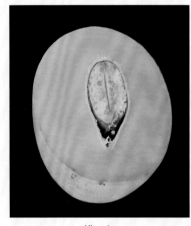

横切

纵切

果核

种仁

桂 香

品种名称：桂香

外文名：Guixiang

原产地：中国广西

资源类型：选育品种

主要用途：鲜食

系谱：Golek × Neelum 的杂交后代

选育单位：广西农学院

树势：中等

盛花期：3月中下旬（湛江）

两性花比率：23.2%～56.0%

成熟期：7月下旬

果实发育期：约125d

果实形状：长椭圆形

果实大小：中等偏大

单果质量：440g

果实外观：佳

完熟果果皮颜色：黄绿

果肉颜色：橙黄

果肩：斜平

果洼：无

果颈：无

果窝：浅

果喙：无

果顶：钝

果肉纤维数量：中等

果实香气：淡

果实风味：酸甜

胚类型：单胚

结实性能：好

可溶性固形物含量：15.1%

可滴定酸含量：0.27%

维生素C含量：5.33mg（100g，FW）

食用品质：佳

丰产性：丰产稳产

果实成熟特性：中熟

综合评价：产量高，丰产稳产，曾为广东、广西的主栽品种。

树

成熟叶

幼　叶

花 序

果 实

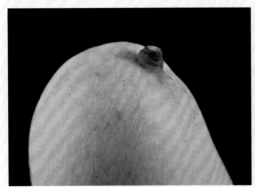

果腹

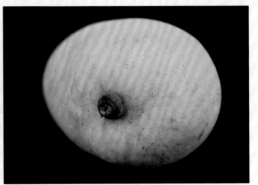

果洼

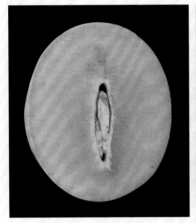

横切

纵切

果核

种仁

红 象 牙

品种名称：红象牙

外文名：Red Ivovy

原产地：中国广西

资源类型：选育品种

主要用途：鲜食

系谱：象牙芒26号实生后代芽变

选育单位：广西农学院

树势：壮旺

盛花期：2月中下旬（湛江）

成熟期：7月中下旬

果实发育期：约125d

果实形状：象牙形

果实大小：大

单果质量：616.64g

果实外观：佳

完熟果果皮颜色：亮黄带红晕

果肉颜色：亮黄

果肩：斜平

果洼：无

果颈：极突出

果窝：深

果喙：无

果顶：尖

果肉纤维数量：中等

果实香气：淡

果实风味：清甜

胚类型：单胚

结实性能：较好

可溶性固形物含量：15.43%

可滴定酸含量：0.25%

维生素C含量：18.3mg（100g，FW）

食用品质：中等

丰产性：丰产稳产

果实成熟特性：中熟

综合评价：中熟、丰产稳产、色泽美观、抗性强、品质中等，右江干热河谷和金沙江干热河谷地带有少量种植。

树

成熟叶

幼 叶

花　序

果　实

57

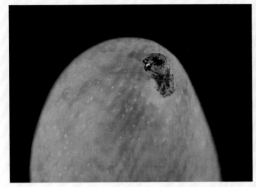

果腹

果颈

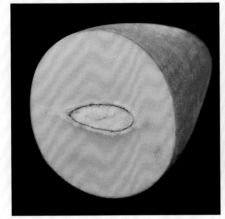

横切

纵切

果核

种仁

桂热芒10号

品种名称：桂热芒10号

外文名：Guire mang No.10

原产地：中国广西

资源类型：选育品种

主要用途：鲜食或加工

系谱：黄象牙实生后代

选育单位：广西壮族自治区农业科学院亚热带作物研究所

树势：壮旺

盛花期：3月中下旬（湛江）

两性花比率：14.2%～17.8%

成熟期：7月下旬至8月上旬

果实发育期：约136d

果实形状：长卵肾形

果实大小：大

单果质量：663g

果实外观：佳

完熟果果皮颜色：黄绿

果肉颜色：橙色

果肩：突起

果洼：深

果颈：无

果窝：深

果喙：点状

果顶：钝

果肉纤维数量：少

果实香气：淡（仁面味）

果实风味：佳

胚类型：单胚

结实性能：中等

可溶性固形物含量：16.2%

食用品质：极佳

丰产性：丰产稳产

果实成熟特性：晚熟

综合评价：晚熟、优质、丰产稳产，食用品质极佳。

树

成熟叶

幼　叶

花　序

果　实

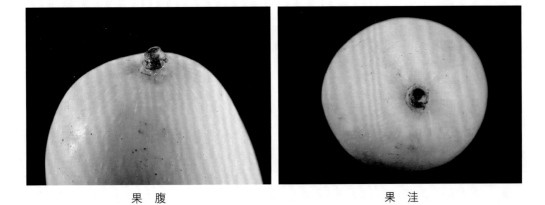

果　腹　　　　　　　　　　　　　　果　洼

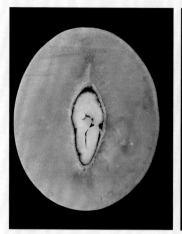
横 切

纵 切

果 核

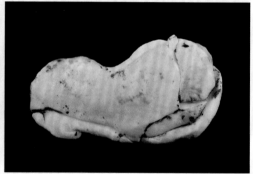
种 仁

桂热芒120号

品种名称：桂热芒120号

外文名：Guire mang No.120

原产地：中国广西

资源类型：选育品种

主要用途：鲜食

系谱：黄象牙的实生后代

选育单位：广西壮族自治区农业科学院亚热带作物研究所

盛花期：3月下旬（百色）

成熟期：8月上中旬

果实形状：扁圆形

果实大小：中等偏小

单果质量：294g

果实外观：佳

完熟果果皮颜色：橙黄带红晕

果肉颜色：橙黄

果肩：突起

果洼：中等

果颈：无

果窝：浅

果喙：点状

果顶：圆形

果肉纤维数量：很少

果实香气：淡

果实风味：甜

胚类型：多胚

结实性能：好

可溶性固形物含量：17.8%

食用品质：佳

丰产性：丰产稳产

果实成熟特性：晚熟

综合评价：晚熟、丰产稳产、优质，食用品质佳。

树

成熟叶

幼　叶

花 序

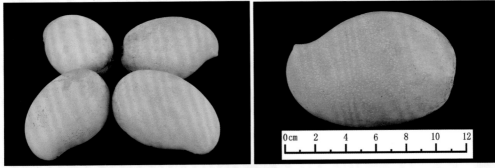

果 实

果腹

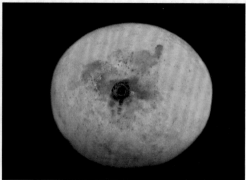

果洼

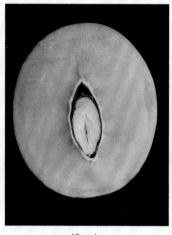

横切

纵切

果核

种仁

田阳香芒

品种名称：田阳香芒

外文名：Tianyang xiang mang

原产地：中国广西

资源类型：选育品种

主要用途：鲜食

系谱：Carabao 实生后代

树势：壮旺

盛花期：3月上旬（百色）

成熟期：7月上中旬

果实发育期：约120d

果实形状：长卵形

果实大小：中等偏小

单果质量：247g

果实外观：佳

完熟果果皮颜色：黄色

果肉颜色：黄色

果肩：突起

果洼：浅

果颈：无

果窝：无

果喙：点状

果顶：钝

果肉纤维数量：少

果实香气：浓

果实风味：浓甜

胚类型：多胚

结实性能：中等

可溶性固形物含量：19.54%

食用品质：佳

丰产性：丰产稳产

果实成熟特性：早熟

综合评价：早熟、丰产稳产，香气浓、食用品质佳。

树

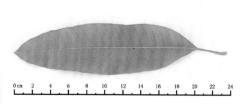

成熟叶

幼　叶

花　序

果　实

果　腹　　　　　　　　　　　　果　注

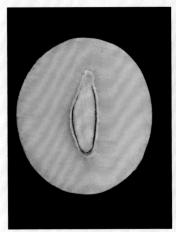
横 切

纵 切

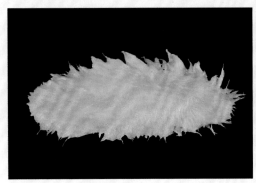
果 核

种 仁

东镇红芒

品种名称：东镇红芒

外文名：Dongzhen hong mang

原产地：中国广东

资源类型：选育品种

主要用途：鲜食

系谱：Vanray 实生后代

选育单位：华南农业大学

盛花期：3月上旬（湛江）

成熟期：6月下旬至7月上旬

果实发育期：110d

果实形状：卵形

果实大小：中等

单果质量：346.5g

果实外观：佳

完熟果果皮颜色：红色带桃红晕

果肉颜色：亮黄

果肩：平

果洼：中等

果颈：无

果窝：浅

果喙：无

果顶：尖

果肉纤维数量：无

果实香气：淡

果实风味：清甜

胚类型：多胚

结实性能：较好

可溶性固形物含量：13.7%

食用品质：佳

丰产性：丰产稳产

果实成熟特性：早熟

综合评价：早熟、丰产稳产，食用品质佳。

树

成熟叶

幼　叶

花　序

果　实

果　实　　　　　　　　　　　果　腹

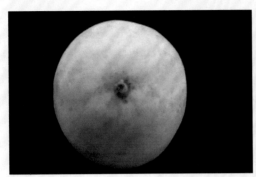

果 洼

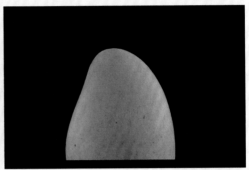

果 顶

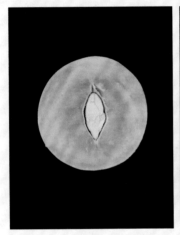

横 切

纵 切

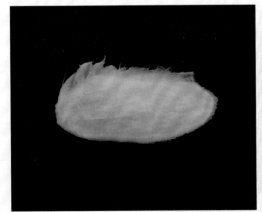

果 核

种 仁

大甜香芒

品种名称：大甜香芒

外文名：Da tian xiang mang

原产地：中国广东

资源类型：选育品种

主要用途：鲜食

系谱：实生后代

选育单位：华南农业大学

盛花期：3月上中旬（湛江）

成熟期：7月中下旬

果实发育天数：约120d

树势：较旺

果实形状：卵形

果实大小：大

单果质量：583.3g

果实外观：一般

完熟果果皮颜色：黄色

果肉颜色：金黄

果肩：突起

果洼：中等

果颈：无

果窝：无

果喙：无

果顶：钝

果肉纤维数量：中等

果实香气：中等

果实风味：清甜

胚类型：多胚

结实性能：中等

可溶性固形物含量：16.0%～18.0%

食用品质：佳

丰产性：丰产稳产

果实成熟特性：中熟

综合评价：丰产稳产，优质、味香甜。

树

75

成熟叶

幼　叶

花　序

果　实

果腹　　　　　　　　　　果洼

横切　　　　　　　　　　纵切

果核　　　　　　　　　　种仁

三　年　芒

品种名称：三年芒

外文名：Sannian mang

原产地：中国云南

资源类型：选育品种

主要用途：鲜食

系谱：实生后代

盛花期：3月上旬（湛江）

果实形状：卵形

果实大小：中等偏小

单果质量：189.4g

果实外观：佳

完熟果果皮颜色：黄色

果肉颜色：橙黄

果肩：平

果洼：无

果颈：无

果窝：浅

果喙：无

果顶：钝

果肉纤维数量：多

果实香气：浓

果实风味：无

胚类型：多胚

结实性能：高

可溶性固形物含量：16.6%

食用品质：佳

丰产性：丰产稳产

果实成熟特性：中熟

综合评价：中熟、童期短、丰产稳产，食用品质佳、风味浓郁。

树

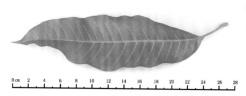

成熟叶

幼　叶

花　序

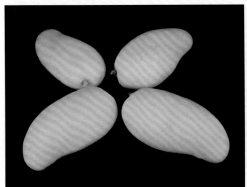
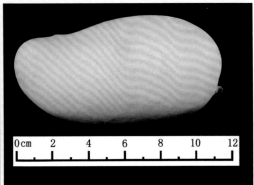

果　实

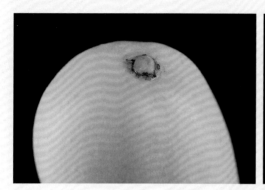

果 腹

果 洼

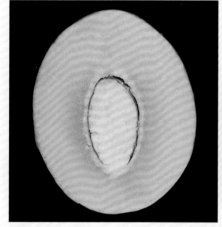

横 切

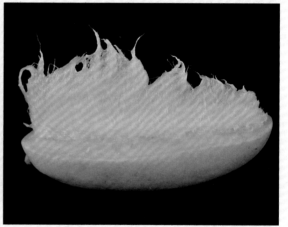

纵 切

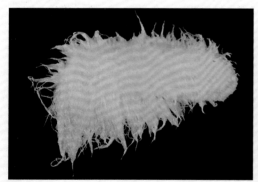

果 核

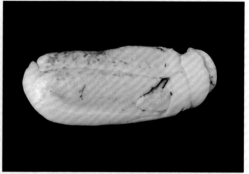

种 仁

龙眼香芒

品种名称：龙眼香芒

外文名：Longyan xiang mang

原产地：中国四川

资源类型：选育品种

主要用途：鲜食

系谱：吕宋芒实生后代

选育单位：四川省凉山彝族自治州热带作物研究所

盛花期：3月上旬

成熟期：6月下旬至7月中旬

果实发育天数：110d

果实形状：椭圆形

果实大小：中等偏小

单果质量：266.3g

果实外观：佳

完熟果果皮颜色：绿黄

果肉颜色：橙黄

果肩：突起

果洼：浅

果颈：无

果窝：浅

果喙：无

果顶：钝

果肉纤维数量：中等

果实香气：中等（龙眼）

果实风味：甜

胚类型：单胚

结实性能：高

可溶性固形物含量：17%～20%

食用品质：佳

丰产性：丰产稳产

果实成熟特性：早熟

综合评价：高产、稳产、品质优，结果早，抗病性强，耐贮运。

树

成熟叶

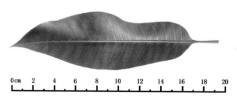

幼　叶

花 序

果 实

果腹

果洼

横切

纵切

果核

种仁

乳　芒

品种名称：乳芒

外文名：Ru mang

原产地：中国四川

资源类型：选育品种

主要用途：鲜食

系谱：龙眼香芒实生后代

选育单位：四川省凉山彝族自治州热带作物研究所

盛花期：3月上旬（湛江）

果实形状：卵形

果实大小：中等偏小

单果质量：448.7g

果实外观：佳

完熟果果皮颜色：金黄

果肉颜色：浅黄

果肩：平、微突

果洼：浅

果颈：无

果窝：无

果喙：点状

果顶：尖

果肉纤维数量：少

果实香气：淡

果实风味：甜

胚类型：多胚

结实性能：中等

可溶性固形物含量：18.54%

食用品质：佳

丰产性：丰产稳产

果实成熟特性：早熟

综合评价：果实大小适中，外形美观，纤维极少，风味纯正，品质中上；早熟，丰产，较抗炭疽病。

树

成熟叶

幼　叶

花 序

果 实

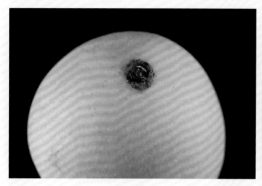

果 腹

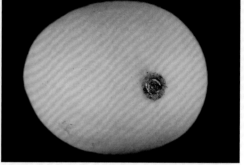

果 洼

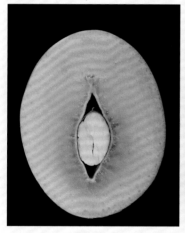

横 切

纵 切

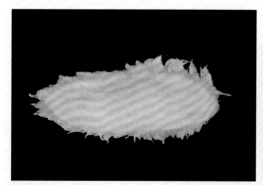

果 核

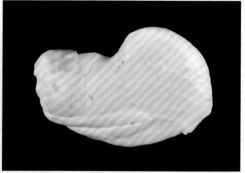

种 仁

攀西红芒

品种名称：攀西红芒

外文名：Panxi hong mang

原产地：中国四川

资源类型：选育品种

主要用途：鲜食

系谱：吕宋芒实生后代

选育单位：四川省攀枝花市农林科学研究所

育成年份：1994年

盛花期：3月上旬（湛江）

果实成熟期：7月下旬至8月上旬

果实发育天数：约120d

果实形状：椭圆形

果实大小：小

单果质量：254g

果实外观：佳

青熟果果皮颜色：绿带紫红晕

完熟果果皮颜色：黄绿色带紫红晕

果肉颜色：橙黄

果肩：平

果洼：浅

果颈：无

果窝：浅

果喙：无

果顶：钝

果肉纤维数量：少

果实香气：浓

果实风味：浓甜

胚类型：单胚

结实性能：中等

可溶性固形物含量：17.8%

食用品质：佳

丰产性：中等

果实成熟特性：中熟

综合评价：中熟，较丰产，果实外观佳，品质优，纤维少，食用品质佳。

树

成熟叶

幼　叶

花　序

果 实

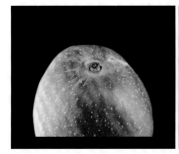
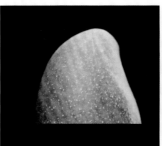

果 腹　　　　　　　果 顶　　　　　　　果 洼

93

横 切　　　　　　　纵 切

果 核　　　　　　　种 仁

第二节　我国芒果主栽品种

台农1号

品种名称：台农1号

外文名：Tainong No.1

原产地：中国台湾

资源类型：引进品种

主要用途：鲜食

系谱：Haden × Irwin

选育单位：台湾农业试验所凤山园艺试验分所

树势：较壮旺

盛花期：3月上旬（湛江）

成熟期：6月下旬至7月下旬

果实发育期：约110d

两性花比率：38.1%～67.6%

果实形状：斜卵肾形

果实大小：中等偏小

单果质量：250g

果实外观：佳

完熟果果皮颜色：黄色带淡红晕

果肉颜色：橙黄色

果肩：斜平

果洼：浅

果颈：无

果窝：浅

果喙：点状

果顶：尖

果肉纤维数量：中等偏少

果实香气：浓

果实风味：浓甜

胚类型：多胚

结实性能：佳

可溶性固形物含量：18.6%

可滴定酸含量：0.32%

维生素C含量：14.1mg（100g，FW）

食用品质：极佳

丰产性：丰产稳产

果实成熟特性：早熟

综合评价：早熟，适应性广，再生花能力强，抗炭疽病能力强，耐贮运，丰产稳产性强。低温阴雨易结无胚果，是目前我国种植面积最大的早熟品种。

树

0 cm 2

成熟叶

幼　叶

花　序

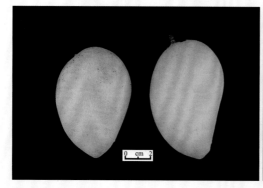

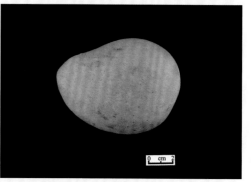

果　实

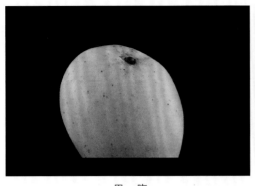

果腹　　　　　　　　　　果顶

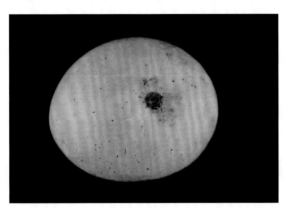

果洼

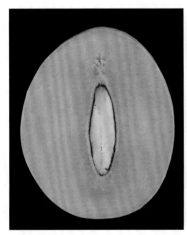

横切　　　　　　　　　　纵切

果核　　　　　　　　　　　　种仁

热农1号

品种名称：热农1号

外文名：Renong No.1

原产地：澳大利亚

资源类型：选育品种

主要用途：鲜食或加工

系谱：Sensation × Kensington Pride

选育单位：中国热带农业科学院南亚热带作物研究所

树势：较壮旺

盛花期：3月上中旬

成熟期：7月中下旬

果实发育期：约125d

两性花比率：8.5%～27.9%

果实形状：卵圆形

果实大小：中等

单果质量：526g

果实外观：佳

完熟果果皮颜色：黄色带桃红晕

果肉颜色：深黄色

果肩：斜平

果洼：浅

果颈：无

果窝：浅

果喙：无

果顶：钝

果肉纤维数量：少

果实香气：淡

果实风味：清甜

胚类型：单胚

结实性能：佳

可溶性固形物含量：13.2%

可滴定酸含量：0.19%

维生素C含量：9.49mg（100g，FW）

食用品质：佳

丰产性：丰产稳产

果实成熟特性：早熟

综合评价：肉质细腻、果肉纤维数量少，鲜食品质优，抗炭疽病，对低温阴雨的适应能力较强，耐贮性较好。适宜在我国各芒果主产区种植。

树

成熟叶

幼　叶

花 序

果 实

套双层袋果实

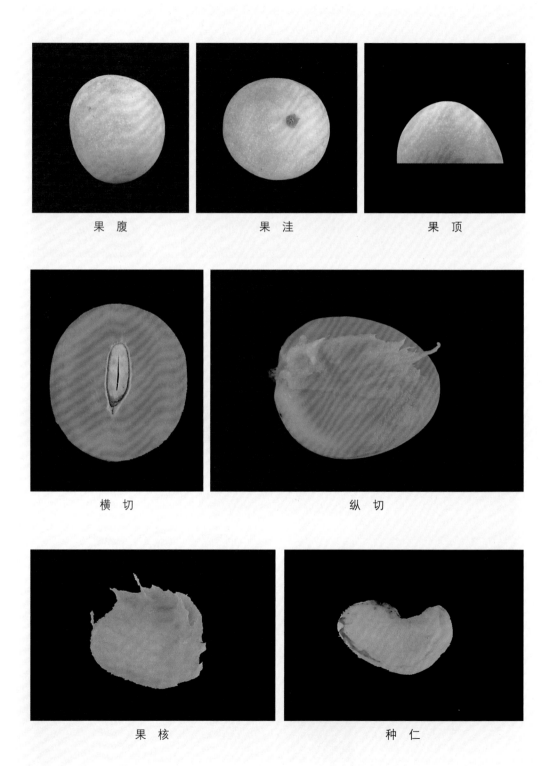

果腹　　　　　　果洼　　　　　　果顶

横切　　　　　　　　纵切

果核　　　　　　　　种仁

贵　妃

品种名称：贵妃

外文名：Guifei

原产地：中国台湾

资源类型：引进品种

主要用途：鲜食

系谱：Irwin × Nan Klang Wan

选育单位：台湾果农张铭显

盛花期：3月上旬（湛江）

成熟期：6月下旬至7月上旬

果实发育期：约120d

树势：中等偏弱

果实形状：卵状长椭圆形

果实大小：大

单果质量：436.0g

果实外观：佳

青熟果果皮颜色：紫色

完熟果果皮颜色：红色

果肉颜色：黄色

果肩：斜平

果洼：无

果颈：无

果窝：中等

果喙：无

果顶：尖

果肉纤维数量：少

果实香气：中等

果实风味：清甜

胚类型：单胚

结实性能：佳

可溶性固形物含量：14%～16%

可滴定酸含量：0.07%

维生素C含量：80.9mg（100g，FW）

食用品质：佳

丰产性：丰产稳产

果实成熟特性：早熟

综合评价：早熟、高产、稳产、优质、色艳，较抗炭疽病，耐贮运，是海南省的芒果主栽品种。

树

成熟叶

幼 叶

花　序

果　实

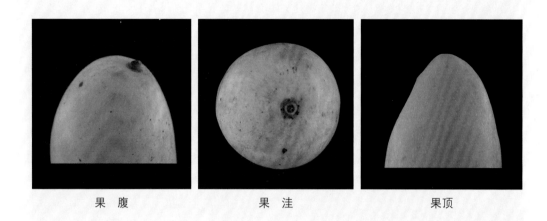

果腹　　　　　　果洼　　　　　　果顶

横切　　　　　　纵切

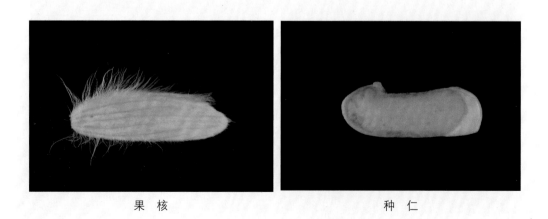

果核　　　　　　种仁

金　煌

品种名称：金煌

外文名：Chin Hwang

原产地：中国台湾

资源类型：引进品种

主要用途：鲜食或加工

系谱：White×Keitt 的自然杂交后代

选育单位：台湾黄金煌先生

树势：壮旺

盛花期：3月中旬

成熟期：7月中下旬

果实发育期：约120d

两性花比率：4.4%～16.4%

果实形状：象牙形

果实大小：特大

单果质量：915～1 200g

果实外观：佳

完熟果果皮颜色：黄绿色带淡红晕

果肉颜色：亮黄色

果肩：平

果洼：浅

果颈：无

果窝：无

果喙：无

果顶：尖

果肉纤维数量：少至无

果肉质地：细腻

果实香气：淡

果实风味：甜

胚类型：多胚

结实性能：佳

可溶性固形物含量：18.6%

可滴定酸含量：0.1%

维生素C含量：14.1mg（100g，FW）

食用品质：极佳

丰产性：丰产稳产

果实成熟特性：中熟

综合评价：中熟，树势强壮，耐低温阴雨，高抗炭疽病，耐贮运，丰产稳产。适应性广，海南、云南、四川、广西均有少量种植。

树

成熟叶

幼　叶

花　序

果　实

青熟果实　　　　　　　　　　　　完熟果实

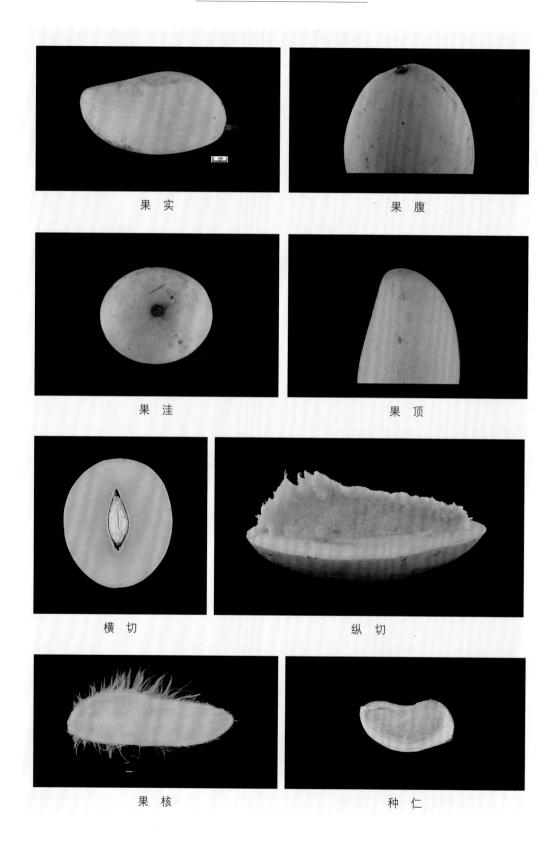

果实　　　　　　　　　　果腹

果洼　　　　　　　　　　果顶

横切　　　　　　　　　　纵切

果核　　　　　　　　　　种仁

红芒6号

品种名称：红芒6号，又名吉禄、吉尔

外文名：Zill

原产地：美国佛罗里达州

资源类型：引进品种

主要用途：鲜食或加工

系谱：Haden实生后代

种质来源地：1984年中国热带农业科学院南亚热带作物研究所从澳大利亚引进

树势：中等

盛花期：3月中下旬

成熟期：8月上旬

果实发育期：约130d

两性花比率：18.6%～29.6%

果实形状：宽椭圆形

果实大小：中等偏小

单果质量：275g

果实外观：佳

完熟果果皮颜色：深紫红色

果肉颜色：亮黄色

果肩：平

果洼：浅

果颈：无

果窝：无

果喙：无

果顶：圆

果肉纤维数量：少

果实香气：中等

果实风味：甜

胚类型：单胚

结实性能：佳

可溶性固形物含量：15.8%

可滴定酸含量：0.14%

维生素C含量：29.88mg（100g，FW）

食用品质：佳

丰产性：丰产稳产

果实成熟特性：中晚熟

综合评价：中晚熟，较抗炭疽病，耐贮运，丰产稳产。目前是金沙江干热河谷晚熟芒果优势产区的主栽品种之一。

树

成熟叶

幼　叶

花 序

果 实

果 实

果 腹

横切　　　　　　　　　　　纵切

果核　　　　　　　　　　　种仁

Keitt

品种名称：凯特，又名红芒3号

外文名：Keitt

原产地：美国佛罗里达州

资源类型：引进品种

主要用途：鲜食或加工

系谱：Mulgoba实生后代

种质来源地：1984年中国热带农业科学院南亚热带作物研究所从澳大利亚引进

树势：中等偏弱

盛花期：3月中下旬

成熟期：8月上旬

果实发育期：约135d

两性花比率：29.9%～44.3%

果实形状：宽椭圆形

果实大小：大

单果质量：787g

果实外观：佳

完熟果果皮颜色：黄色带红晕

果肉颜色：亮黄色

果肩：突起

果洼：浅

果颈：无

果窝：浅

果喙：无

果顶：钝

果肉纤维数量：少

果实香气：淡

果实风味：甜

胚类型：单胚

结实性能：佳

可溶性固形物含量：14.9%

可滴定酸含量：0.35%

维生素C含量：10.35mg（100g，FW）

食用品质：佳

丰产性：丰产稳产

果实成熟特性：晚熟

综合评价：晚熟，美国、墨西哥的主栽品种。丰产稳产，品质优，耐贮运，货架寿命长，但易感细菌性黑斑病，特别适合于夏季无台风地区及高温干旱地区种植，现已成为四川攀枝花、云南华坪的晚熟主栽品种。可用作育种材料。

树

成熟叶

幼　叶

花　序

未套袋果实

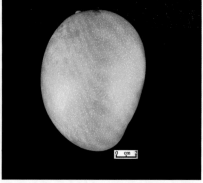

套袋果实

果　实

果腹　　　　果洼　　　　果顶

横切　　　　纵切

果核　　　　种仁

Kent

品种名称：肯特

外文名：Kent

原产地：美国佛罗里达州

资源类型：引进品种

主要用途：鲜食

系谱：印度品种Brooks第二代实生树中选出

种质来源地：1984年中国热带农业科学院南亚热带作物研究所从澳大利亚引进

盛花期：3月中下旬

果实成熟期：7月中旬至8月上旬

果实发育天数：约130d

果实形状：椭圆形

果实大小：大

单果质量：680g

果实外观：佳

青熟果果皮颜色：绿色带紫红晕

完熟果果皮颜色：黄色带浅红色

果肉颜色：黄色

果肩：斜平

果洼：深

果颈：无

果窝：浅

果喙：无

果顶：圆

果肉纤维数量：少

果实香气：浓郁

果实风味：甜

胚类型：单胚

结实性能：佳

可溶性固形物含量：17%

食用品质：佳

丰产性：丰产稳产

果实成熟特性：晚熟

综合评价：晚熟，较耐寒，耐贮运，丰产稳产，品质好。

树

121

成熟叶

幼 叶

花 序

果 实　　　　　　　　　　　　果 腹

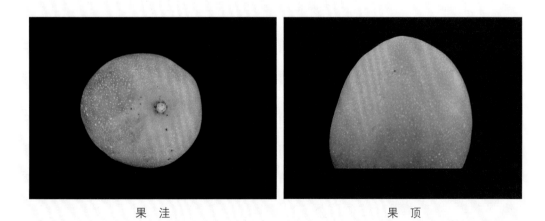

果 注　　　　　　　　　　　　果 顶

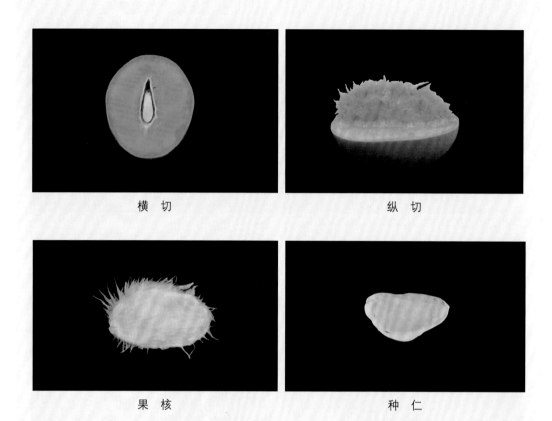

横 切　　　　　　　　　　纵 切

果 核　　　　　　　　　　种 仁

Sensation

品种名称：圣心
外文名：Sensation
原产地：美国佛罗里达州
资源类型：引进品种
主要用途：鲜食
系谱：Haden实生后代
种质来源地：1984年中国热带农业科学院南亚热带作物研究所从澳大利亚引进
盛花期：3月上中旬
成熟期：7月中下旬
果实形状：短椭圆形
果实大小：中等偏小
单果质量：233.6g
果实外观：佳
成熟果果皮颜色：黄色、盖色深红色
果肉颜色：黄色

果肩：斜平
果洼：浅
果颈：无
果窝：无
果喙：无
果顶：圆
果肉纤维数量：少
果实香气：淡
果实风味：甜
胚类型：单胚
结实性能：佳
可溶性固形物含量：15.8%
食用品质：中上至良好
丰产性：丰产稳产
果实成熟特性：中晚熟
综合评价：中晚熟，丰产稳产。

树

125

成熟叶

幼　叶

花　序

完熟果实

果　实

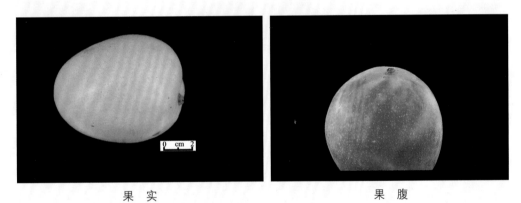

果　实　　　　　　　　　　果　腹

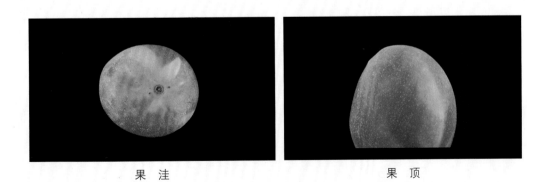

果　注　　　　　　　　　　果　顶

横　切　　　　　　　　　　纵　切

果　核　　　　　　　　　　种　仁

白 象 牙

品种名称：白象牙

外文名：Nan Klang Wan

原产地：泰国

资源类型：引进品种

主要用途：鲜食

种质来源地：1997年中国热带农业科学院南亚热带作物研究所从澳大利亚引进

盛花期：2月下旬至3月上旬（湛江）

果实形状：象牙形

果实大小：中等

单果质量：322g

果实外观：佳

完熟果果皮颜色：浅黄至金黄

果肉颜色：乳白色至奶黄色

果肩：平

果洼：无

果颈：无

果窝：深

果喙：点状

果顶：尖

果肉纤维数量：无

果实香气：中等

果实风味：清甜

胚类型：多胚

结实性能：佳

可溶性固形物含量：15.8%

食用品质：佳

丰产性：丰产稳产

果实成熟特性：早熟

综合评价：肉质致密细滑，品质上乘，较耐贮运，丰产稳产。现为海南和云南的主要商业栽培品种之一。

树

成熟叶

幼 叶

花　序

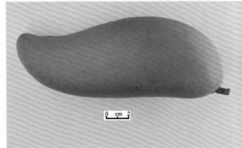

果　实

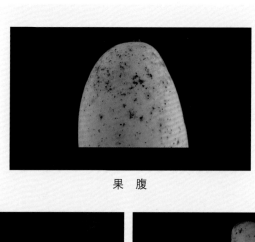

果 腹

果 洼

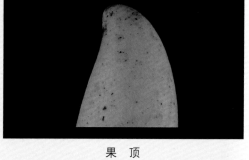

果 顶

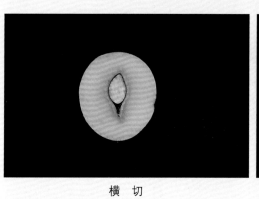

横 切

纵 切

果 核

种 仁

Deshehari

品种名称：椰香芒，又名鸡蛋芒

外文名：Deshehari

原产地：印度

资源类型：引进品种

主要用途：鲜食

种质来源地：1986年从中国热带农业科学院、华南热带农业大学引进

盛花期：2月下旬至3月上旬（湛江）

成熟期：6月上中旬

果实发育期：约100d

果实形状：椭圆形

果实大小：小

单果质量：165g

果实外观：佳

完熟果果皮颜色：黄绿色

果肉颜色：橙红色

果肩：斜平

果注：浅

果颈：无

果窝：无

果喙：点状

果顶：圆

果肉纤维数量：少

果实香气：浓（椰香）

果实风味：浓甜

胚类型：单胚

结实性能：佳

可溶性固形物含量：15.8%

食用品质：佳

丰产性：丰产稳产

果实成熟特性：早熟

综合评价：早熟，耐贮运，在干旱且阳光充足环境下结果好，多雨地区则隔年结果现象较严重。越南、老挝、柬埔寨的主栽品种之一，我国海南西部干旱地区和雷州半岛西海岸主栽品种之一，云南华坪和四川攀枝花有少量种植。

树

成熟叶

幼　叶

花 序

果 实

135

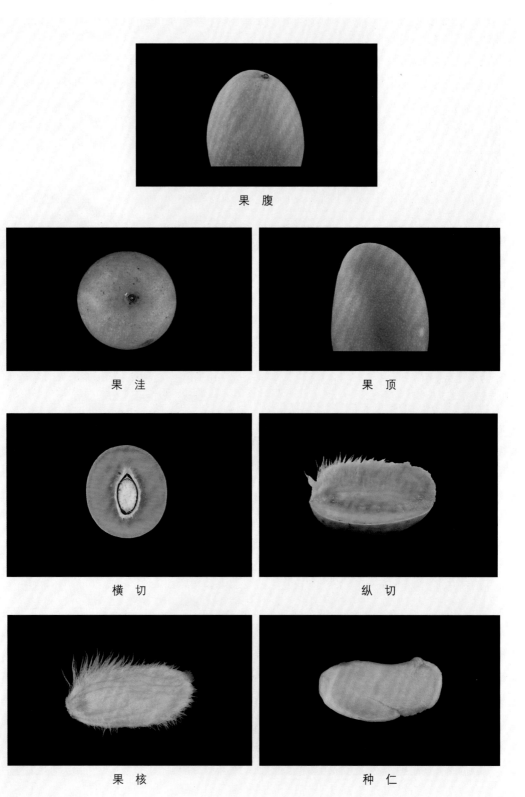

果腹

果洼

果顶

横切

纵切

果核

种仁

帕拉英达

品种名称：帕拉英达，又名鹰嘴芒

外文名：Myahintha

原产地：缅甸

资源类型：引进品种

主要用途：鲜食

种质来源地：1994年云南省农业科学院热带亚热带经济作物研究所从缅甸引进试种

盛花期：3月上中旬（湛江）

成熟期：7月上中旬

果实发育期：约120d

树势：弱

果实形状：象牙形

果实大小：中等

单果质量：267.1g

果实外观：佳

青熟果果皮颜色：浅黄

完熟果果皮颜色：黄色

果肉颜色：金黄色

果肩：平

果洼：无

果颈：微突

果窝：中等

果喙：乳头状

果顶：圆

果肉纤维数量：中等

果实香气：浓

果实风味：浓甜

胚类型：多胚

结实性能：佳

可溶性固形物含量：19.8%

食用品质：佳

丰产性：丰产稳产

果实成熟特性：中熟

综合评价：高产、稳产、优质，抗炭疽病和细菌性角斑病，耐贮运。

树

成熟叶

幼 叶

花 序

果 实

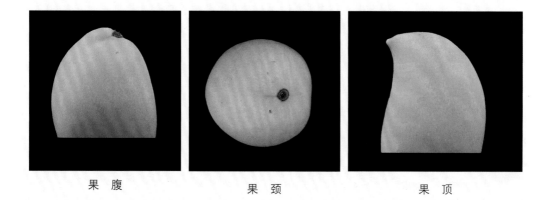

果 腹　　　　　　　果 颈　　　　　　　果 顶

横 切　　　　　　　　　　纵 切

果 核　　　　　　　　　　种 仁

第三节　国外引进的芒果品种

Alphonso

品种名称：阿方索

外文名：Alphonso

原产地：印度

资源类型：引进品种

主要用途：鲜食

种质来源地：2002年从中国热带农业科学院海口分院引进

盛花期：2月下旬至3月上旬（湛江）

果实形状：卵圆形

果实大小：中等

单果质量：350g

果实外观：佳

完熟果果皮颜色：橙黄色带鲜红晕

果肉颜色：橙黄色

果肩：平

果洼：浅

果颈：无

果窝：无

果喙：无

果顶：钝

果肉纤维数量：少

果实香气：浓

果实风味：甜

胚类型：单胚

结实性能：佳

可溶性固形物含量：15.8%

食用品质：佳

丰产性：差

果实成熟特性：中熟

综合评价：印度的主栽品种，味道极好，果实风味诱人。对环境的要求较特殊，只有在印度马哈拉施特拉邦的西海岸生长最好。

树

成熟叶

0 cm 2

幼 叶

花 序

0 cm 2

果 实

果　腹

果　洼　　　　　　　　　　　果　顶

横　切　　　　　　　　　　　纵　切

果　核　　　　　　　　　　　种　仁

Bambaroo

品种名称：斑巴鲁

外文名：Bambaroo

原产地：印度

资源类型：引进品种

主要用途：鲜食或加工

系谱：Haden 的实生后代

种质来源地：1997年中国热带农业科学院南亚热带作物研究所从澳大利亚引进

盛花期：3月上旬（湛江）

成熟期：7月中旬

果实发育期：约120d

树势：中等

两性花比率：22.2% ~ 62.7%

果实形状：斜卵圆形

果实大小：大

单果质量：560g

果实外观：佳

青熟果果皮颜色：绿色带红晕

完熟果果皮颜色：黄色带红晕

果肉颜色：亮黄色

果肩：斜平

果洼：深

果颈：无

果窝：浅

果喙：点状

果顶：钝

果肉纤维数量：中等

果实香气：淡

果实风味：酸甜

胚类型：多胚

结实性能：中等

可溶性固形物含量：15.7%

可滴定酸含量：0.32%

维生素C含量：11.47mg（100g，FW）

食用品质：中等

丰产性：丰产稳产

果实成熟特性：中熟

综合评价：产量较高且稳定，可作育种材料。

树

成熟叶

幼 叶

花　序

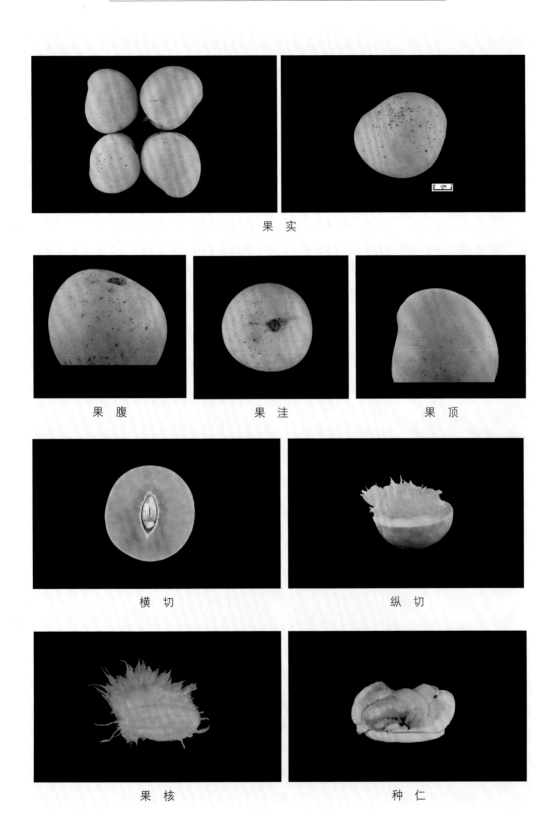

果实

果腹　　　　　　果洼　　　　　　果顶

横切　　　　　　纵切

果核　　　　　　种仁

Banganpalli

品种名称：Banganpalli

外文名：Banganpalli

原产地：不详

资源类型：引进品种

主要用途：鲜食

种质来源地：1997年中国热带农业科学院南亚热带作物研究所从澳大利亚引进

盛花期：3月下旬（湛江）

成熟期：8月上旬

果实发育期：约135d

树势：中等偏弱

两性花比率：6.3%～7.4%

果实形状：斜卵形

果实大小：大

单果质量：400g

果实外观：佳

青熟果果皮颜色：中绿

完熟果果皮颜色：黄色

果肉颜色：亮黄色

果肩：斜平

果洼：深

果颈：无

果窝：浅

果喙：无

果顶：钝

果肉纤维数量：少

果实香气：浓

果实风味：浓甜

胚类型：单胚

结实性能：差

可溶性固形物含量：18.1%

可滴定酸含量：0.17%

维生素C含量：4.46mg（100g，FW）

食用品质：佳

丰产性：差

果实成熟特性：晚熟

综合评价：晚熟、优质，但结果不稳定。可用作育种材料。

树

成熟叶

幼　叶

花　序

果　实

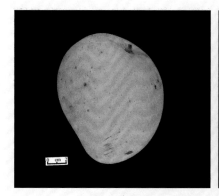

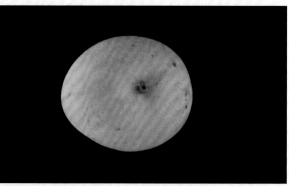

果实　　　　　　　　　　　　果洼

果　腹

果　顶

横　切

纵　切

果　核

种　仁

Edward

品种名称：爱德华

外文名：Edward

原产地：美国佛罗里达州

资源类型：引进品种

主要用途：鲜食或加工

系谱：Haden × Carabao

种质来源地：1997年中国热带农业科学院南亚热带作物研究所从澳大利亚引进

盛花期：2月底至3月初（湛江）

成熟期：7月下旬

果实发育期：约120d

两性花比率：14.0%～15.0%

树势：较壮旺

果实形状：宽椭圆形

果实大小：大

单果质量：558g

果实外观：中等

青熟果果皮颜色：中绿

完熟果果皮颜色：亮黄略带粉红晕

果肉颜色：亮黄色

果肩：突起

果洼：深

果颈：无

果窝：无

果喙：无

果顶：圆

果肉纤维数量：少

果实香气：浓（奶油香）

果实风味：甜

胚类型：单胚

结实性能：中等

可溶性固形物含量：17.1%

可滴定酸含量：0.27%

维生素C含量：44.37mg（100g，FW）

食用品质：佳

丰产性：一般

果实成熟特性：中熟

综合评价：中熟，品质极优，是一个极有前途的中熟品种。

树

成熟叶

幼　叶

花 序

果 实

果 实　　　　　　　　　　　　　果 腹

果洼

果顶

横切

纵切

果核

种仁

Glenn

品种名称：格林

外文名：Glenn

原产地：美国佛罗里达州

资源类型：引进品种

主要用途：鲜食或加工

系谱：Haden 的实生后代

种质来源地：1997年中国热带农业科学院南亚热带作物研究所从澳大利亚引进

盛花期：2月底至3月初（湛江）

成熟期：6月底

果实发育期：约100d

树势：中等

两性花比率：13.3 %

果实形状：椭圆形

果实大小：大

单果质量：424g

果实外观：佳

青熟果果皮颜色：青绿带红晕

完熟果果皮颜色：黄色带红晕

果肉颜色：橙红色

果肩：平

果洼：浅

果颈：无

果窝：无

果喙：无或点状

果顶：尖

果肉纤维数量：少

果实香气：淡

果实风味：甜

胚类型：单胚

结实性能：中等

可溶性固形物含量：17.6%

食用品质：佳

丰产性：丰产稳产

果实成熟特性：早熟

综合评价：早熟，产量较高且稳定，优质，抗性强。

树

成熟叶

幼　叶

花　序

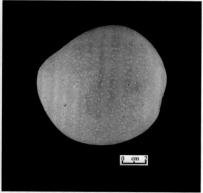

果　实

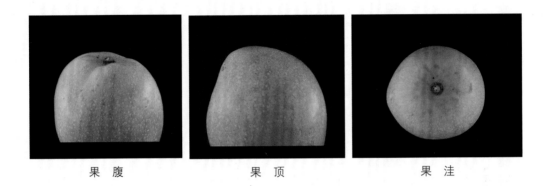

果腹　　　　　　　　　　果顶　　　　　　　　　　果洼

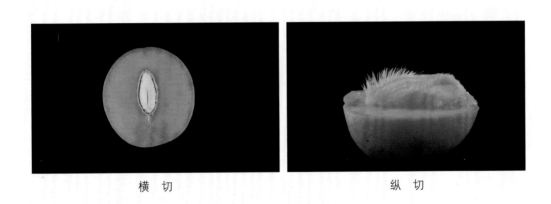

横切　　　　　　　　　　　　　纵切

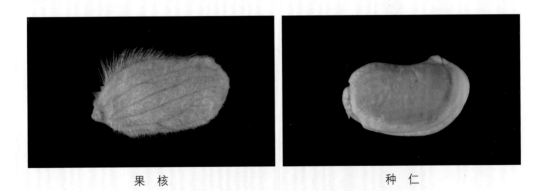

果核　　　　　　　　　　　　　种仁

Haden

品种名称：海顿

外文名：Haden

原产地：美国佛罗里达州

资源类型：引进品种

主要用途：鲜食

系谱：Mulgoba × Turpentine

种质来源地：1987年从广西引进

盛花期：3月中下旬（湛江）

成熟期：7月中旬

果实发育期：约125d

果实形状：圆球形

果实大小：中等

单果质量：457g

果实外观：佳

青熟果果皮颜色：绿色带紫红晕

完熟果果皮颜色：橙红色

果肉颜色：黄色

果肩：平

果洼：深

果颈：无

果窝：明显

果喙：稍有

果顶：钝

果肉纤维数量：中等

果实香气：浓

果实风味：甜

胚类型：单胚

结实性能：佳

可溶性固形物含量：17.5%

可滴定酸含量：0.13%

维生素C含量：8.57mg（100g，FW）

食用品质：佳

丰产性：丰产稳产

果实成熟特性：中熟

综合评价：中熟，果实耐贮运，品质上等。宜在高温干旱且阳光充足的地方栽培，多雨地区栽培产量和颜色均不稳定。该品种是南非、墨西哥、以色列等国的主栽品种。可作育种材料。

树

成熟叶

幼　叶

花 序

果 实

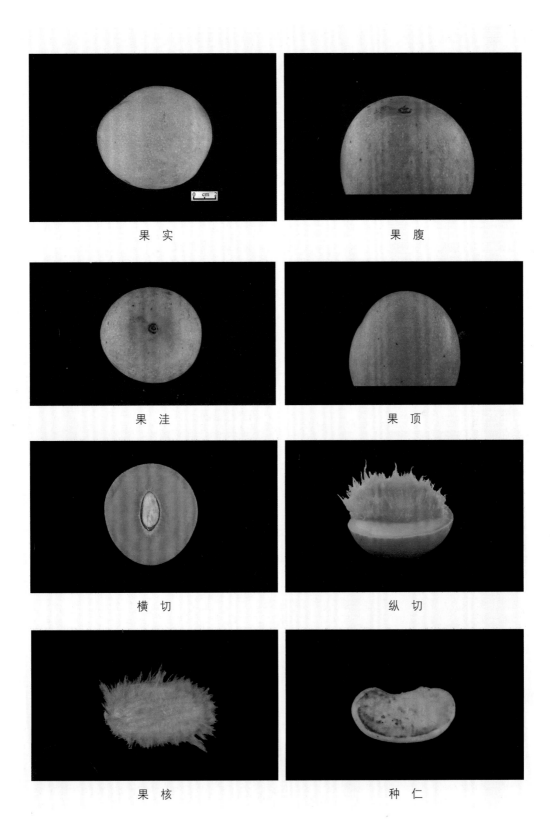

果 实　　　　　　　　　　果 腹

果 洼　　　　　　　　　　果 顶

横 切　　　　　　　　　　纵 切

果 核　　　　　　　　　　种 仁

Irwin

品种名称：爱文

外文名：Irwin

原产地：美国佛罗里达州迈阿密

资源类型：引进品种

主要用途：鲜食

系谱：Lippens × Haden

种质来源地：1984年中国热带农业科学院南亚热带作物研究所从澳大利亚引进

盛花期：3月上中旬（湛江）

成熟期：7月上中旬

果实发育期：约120d

树势：中等

两性花比率：26.9% ~ 53.0%

果实形状：卵肾形

果实大小：中等

单果质量：320g

果实外观：佳

青熟果果皮颜色：绿色带紫红晕

完熟果果皮颜色：橙红色

果肉颜色：亮黄色

果肩：斜平

果洼：浅

果颈：无

果窝：浅

果喙：无

果顶：钝

果肉纤维数量：中等

果实香气：中等

果实风味：甜

胚类型：单胚

结实性能：佳

可溶性固形物含量：14.6%

可滴定酸含量：0.12%

维生素C含量：18.90mg（100g，FW）

食用品质：佳

丰产性：丰产稳产

果实成熟特性：早中熟

综合评价：早中熟，植株矮小，丰产稳产，风味浓，花期低温阴雨会产生许多无胚果，影响产量。果实易感炭疽病，是台湾的主栽品种之一。可作育种材料。

树

0 cm 2

成熟叶

幼 叶

花　序

果　实

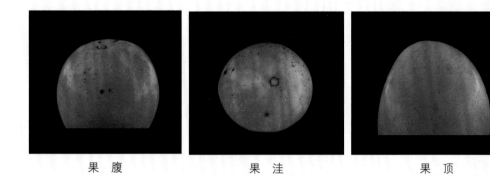

果 腹　　　　　　　　果 洼　　　　　　　　果 顶

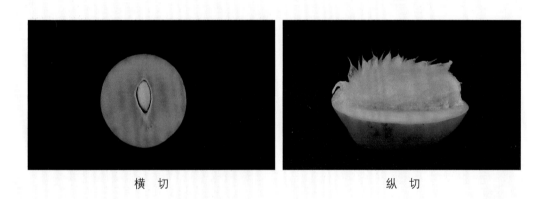

横 切　　　　　　　　　　　纵 切

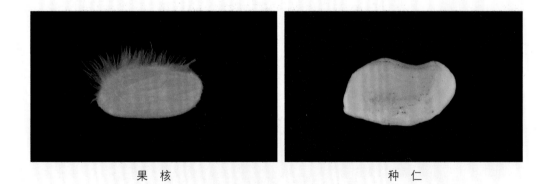

果 核　　　　　　　　　　　种 仁

Kensington Pride

品种名称：肯辛顿骄傲

外文名：Kensington Pride

原产地：澳大利亚

资源类型：引进品种

主要用途：鲜食

种质来源地：2002年11月由中国热带农业科学院海口分院引进

盛花期：2月下旬至3月上旬（湛江）

成熟期：6月下旬至7月上旬

果实发育期：约120d

树势：中等偏弱

果实形状：短椭圆形

果实大小：中等

单果质量：370g

果实外观：佳

青熟果果皮颜色：中绿

完熟果果皮颜色：黄色带粉红晕

果肉颜色：黄色

果肩：突起

果洼：浅

果颈：无

果窝：无

果喙：点状

果顶：圆

果肉纤维数量：少

果实香气：淡

果实风味：清甜

胚类型：单胚

结实性能：好

可溶性固形物含量：15.07%

食用品质：优良

丰产性：丰产稳产

果实成熟特性：中熟

综合评价：中熟，肉质细腻、香气浓，品质上等，丰产稳产；但该品种抗炭疽病较差，适合干热地区种植。澳大利亚主栽品种之一。

树

成熟叶

幼　叶

花　序

果　实

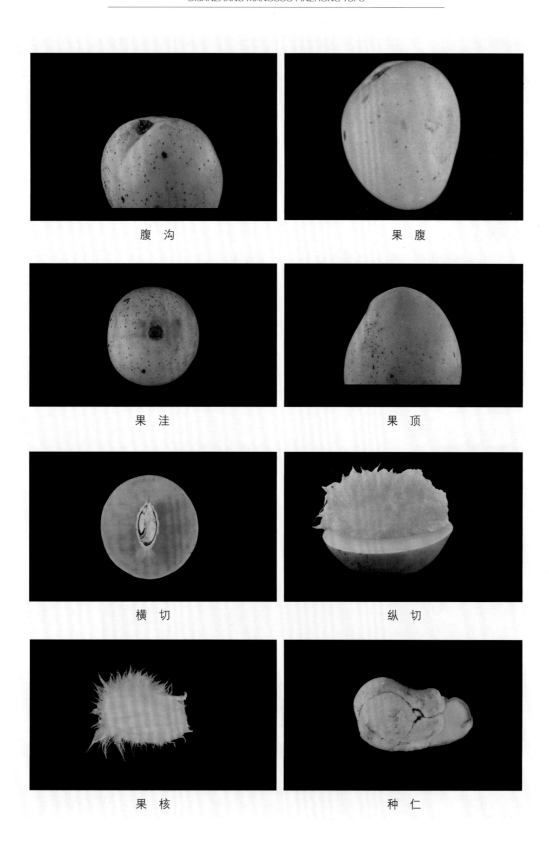

腹 沟

果 腹

果 洼

果 顶

横 切

纵 切

果 核

种 仁

KRS

品种名称：KRS

外文名：KRS

原产地：澳大利亚

资源类型：引进品种

主要用途：鲜食

种质来源地：1997年中国热带农业科学院南亚热带作物研究所从澳大利亚引进

盛花期：3月上旬（湛江）

成熟期：7月上中旬

果实发育期：约120d

树势：壮旺

两性花比率：14.4%～36.1%

果实形状：斜卵圆形

果实大小：大

单果质量：466g

果实外观：佳

青熟果果皮颜色：黄绿

完熟果果皮颜色：亮黄色

果肉颜色：亮黄色

果肩：斜平

果洼：深

果颈：无

果窝：浅

果喙：点状

果顶：钝

果肉纤维数量：中等

果实香气：淡

果实风味：酸甜

胚类型：多胚

结实性能：中等

可溶性固形物含量：14.3%

可滴定酸含量：0.32%

维生素C含量：11.31mg（100g，FW）

食用品质：佳

丰产性：丰产稳产

果实成熟特性：中熟

综合评价：品质优良，是一个有前途的中熟品种。澳大利亚主栽品种之一。

树

成熟叶

幼　叶

花　序

果　实

果　实　　　　　　　　　　　　果　腹

果 洼

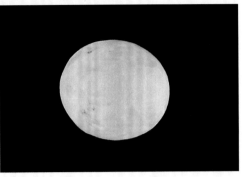

果 顶

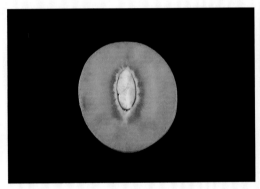

横 切

纵 切

果 核

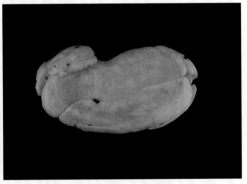

种 仁

Langra

品种名称：菠萝香芒

外文名：Langra

原产地：印度

资源类型：引进品种

主要用途：鲜食

种质来源地：1986年由中国热带农业科学院、华南热带农业大学引进

盛花期：3月中旬（湛江）

成熟期：6月下旬至7月上旬

果实发育期：约110d

果实形状：卵形

果实大小：中等偏小

单果质量：225.7g

果实外观：中等

完熟果果皮颜色：橙黄色

果肉颜色：橙红色

果肩：平

果洼：浅

果颈：无

果窝：无

果喙：无

果顶：圆

果肉纤维数量：多

果实香气：淡

果实风味：甜

胚类型：单胚

结实性能：差

可溶性固形物含量：19.93%

食用品质：中等

丰产性：一般

果实成熟特性：早中熟

综合评价：品质中等，早中熟，成熟时绿色或浅黄色。可作育种材料。

树

成熟叶

幼 叶

花 序

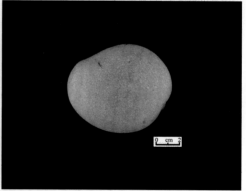

果 实

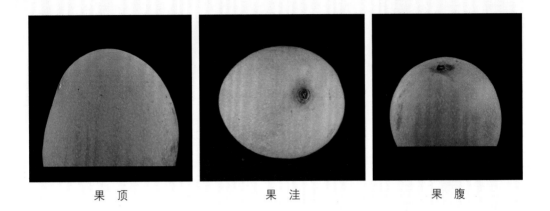

果 顶　　　　　　　　果 洼　　　　　　　　果 腹

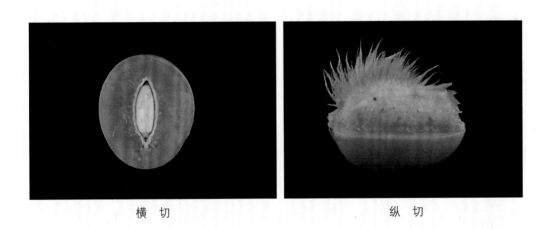

横 切　　　　　　　　纵 切

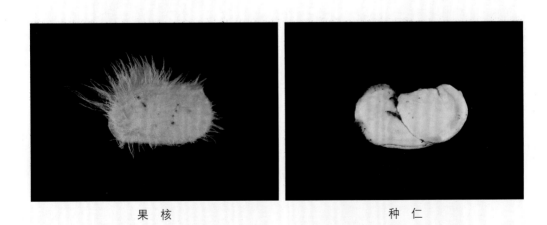

果 核　　　　　　　　种 仁

Lilley

品种名称：Lilley
外文名：Lilley
原产地：印度
资源类型：引进品种
主要用途：鲜食
种质来源地：1997年中国热带农业科学院南亚热带作物研究所从澳大利亚引进
盛花期：2月下旬
成熟期：6月中下旬
果实发育期：约110d
果实形状：卵形
果实大小：小
单果质量：209g
果实外观：佳
完熟果果皮颜色：黄色带红晕
果肉颜色：橙黄色

果肩：平
果洼：无
果颈：微突
果窝：无
果喙：点状
果顶：尖
果肉纤维数量：多
果实香气：淡
果实风味：甜
胚类型：单胚
结实性能：佳
可溶性固形物含量：17.7%
食用品质：中等
丰产性：丰产稳产
果实成熟特性：早熟
综合评价：早熟，较抗炭疽病，丰产稳产。

树

成熟叶

幼 叶

花 序

果实

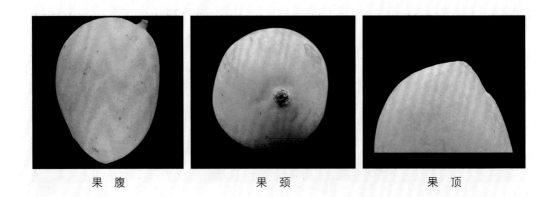

果腹   果颈   果顶

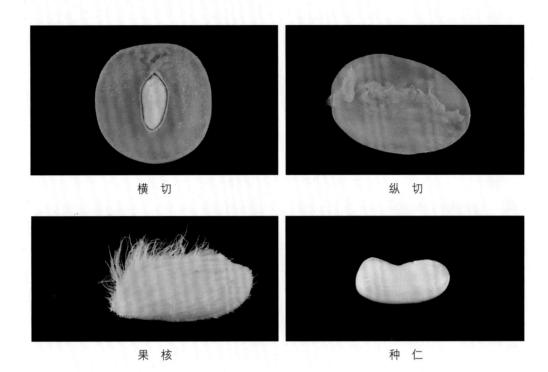

横　切　　　　　　　　　　　纵　切

果　核　　　　　　　　　　　种　仁

Lippens

品种名称：里本斯

外文名：Lippens

原产地：美国佛罗里达州

资源类型：引进品种

主要用途：鲜食或加工

系谱：Haden实生后代

种质来源地：1997年中国热带农业科学院南亚热带作物研究所从澳大利亚引进

盛花期：2月底至3月上旬（湛江）

成熟期：7月初

果实发育期：约120d

树势：中等

两性花比率：36.2%

果实形状：卵圆形

果实大小：大

单果质量：558g

果实外观：中等

青熟果果皮颜色：绿色带粉红晕

完熟果果皮颜色：黄色带粉红晕

果肉颜色：橙黄色

果肩：斜平

果洼：深

果颈：无

果窝：无

果喙：无

果顶：圆

果肉纤维数量：中等至多

果实香气：淡

果实风味：酸甜

胚类型：单胚

结实性能：较好

可溶性固形物含量：17.1%

可滴定酸含量：0.21%

维生素C含量：6.47mg（100g，FW）

食用品质：佳

丰产性：丰产稳产

果实成熟特性：早中熟

综合评价：产量较高，品质上等，但抗病性较差，易感染细菌性黑斑病，采后易感染炭疽病。可作育种材料。

树

成熟叶

幼　叶

花 序

果 实

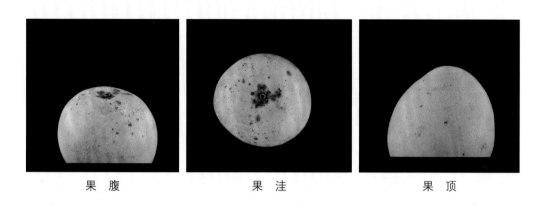

果腹　　　　　　　　果洼　　　　　　　　果顶

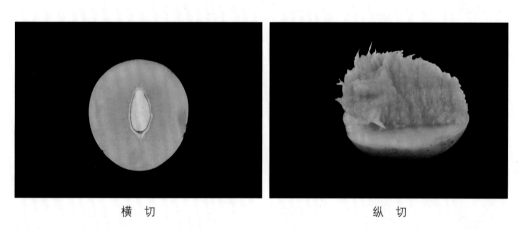

横切　　　　　　　　纵切

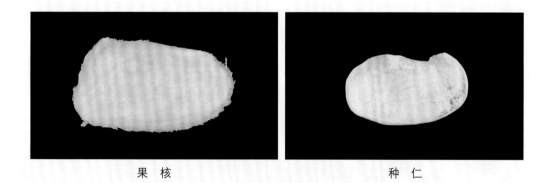

果核　　　　　　　　种仁

Macheso

品种名称：马切苏

外文名：Macheso

原产地：缅甸

资源类型：引进品种

主要用途：鲜食或加工

种质来源地：1986年由广西壮族自治区亚热带作物研究所引进

盛花期：2月下旬至3月上旬（湛江）

成熟期：7月中下旬

果实发育期：约125d

树势：中等偏强

果实形状：长椭圆形

果实大小：中等

单果质量：292g

果实外观：差

成熟果果皮颜色：绿色

成熟果果皮颜色：黄绿色

果肉颜色：橙红色

果肩：突起

腹沟：有

果洼：无

果颈：微突

果窝：浅

果喙：突出

果顶：钝

果肉纤维数量：中等偏少

果实香气：浓

果实风味：清甜

胚类型：多胚

结实性能：较好

可溶性固形物含量：17.3 %

可滴定酸含量：0.18%

维生素C含量：35.85mg（100g，FW）

食用品质：中等

丰产性：丰产稳产

果实成熟特性：中熟

综合评价：树势较强，产量较高且较耐贮运，曾为云南的主要栽培品种之一。

树

成熟叶

幼　叶

花 序

果 实

果腹（腹沟）

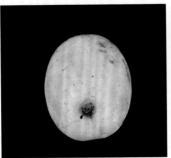

果 颈

果 顶

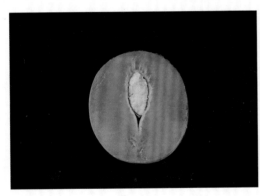

横 切

纵 切

果 核

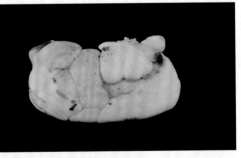

种 仁

191

Magovar

品种名称：马高瓦

外文名：Magovar

原产地：印度

资源类型：引进品种

主要用途：鲜食或加工

种质来源地：1997年中国热带农业科学院南亚热带作物研究所从澳大利亚引进

盛花期：3月上旬（湛江）

成熟期：7月下旬至8月上旬

果实发育期：约130d

树势：中等偏弱

果实形状：扁圆形

果实大小：大

单果质量：505 g

果实外观：中等

青熟果果皮颜色：中绿

完熟果果皮颜色：黄绿

果肉颜色：亮黄色

果肩：突起

果洼：深

果颈：无

果窝：深

果喙：点状

果顶：钝

果肉纤维数量：少

果实香气：淡（仁面味）

果实风味：甜

胚类型：单胚

结实性能：差

可溶性固形物含量：15.4%

可滴定酸含量：0.43%

维生素C含量：8.91mg（100g，FW）

食用品质：佳

丰产性：差

果实成熟特性：中晚熟

综合评价：不易成花、结实性差、果实风味品质俱佳，但结果不稳定。可作育种材料。

树

成熟叶

幼 叶

花 序

果 实

果 腹   果 洼   果 顶

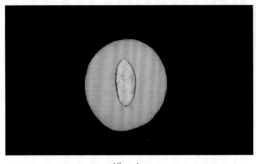

横　切

纵　切

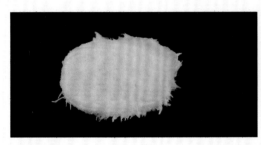

果　核

种　仁

Mallika

品种名称：马里卡

外文名：Mallika

原产地：印度

资源类型：引进品种

主要用途：鲜食

系谱：Dashehari × Neelum

种质来源地：1997年中国热带农业科学院南亚热带作物研究所从澳大利亚引进

盛花期：3月上中旬（湛江）

成熟期：7月下旬

果实发育期：约120d

树势：中等

两性花比率：13.9%～21.4%

果实形状：长椭圆形

果实大小：大

单果质量：485g

果实外观：中等

青熟果果皮颜色：绿色

完熟果果皮颜色：柠檬黄色

果肉颜色：橙红色

果肩：斜平

果洼：深

果颈：无

果窝：无

果喙：无

果顶：圆

果肉纤维数量：中等偏少

果实香气：浓（椰香）

果实风味：酸甜

胚类型：单胚

结实性能：较好

可溶性固形物含量：17.9%

可滴定酸含量：0.05%

维生素C含量：27.3mg（100g，FW）

食用品质：佳

丰产性：丰产稳产

成熟期：6—7月

果实成熟特性：早中熟

综合评价：高产、优质、中熟，成熟果皮绿色或浅黄色，有大小年结果现象，是一个矮生的芒果品种。

树

成熟叶

幼 叶

花　序

果　实

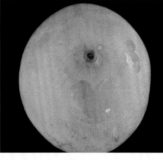

果　腹　　　　　　　　　果　洼　　　　　　　　　果　顶

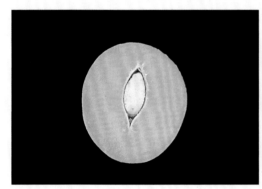

横　切　　　　　　　　　　　　纵　切

果　核　　　　　　　　　　　　种　仁

Nam Dok Mai

品种名称：南多美

外文名：Nam Dok Mai

原产地：泰国

资源类型：引进品种

主要用途：鲜食

种质来源地：1997年中国热带农业科学院南亚热带作物研究所从澳大利亚引进

盛花期：2月下旬至3月上旬（湛江）

成熟期：7月中下旬

果实发育期：约125d

树势：中等

两性花比率：7.1%～18.8%

果实形状：象牙形

果实大小：中等

单果质量：282g

果实外观：佳

青熟果果皮颜色：中绿略带红晕

完熟果果皮颜色：黄绿

果肉颜色：淡黄色

果肩：斜平

果洼：无

果颈：微突

果窝：浅

果喙：点状

果顶：尖

果肉纤维数量：无

果实香气：淡

果实风味：浓甜

胚类型：多胚

结实性能：中等

可溶性固形物含量：18.5%

可滴定酸含量：0.17%

维生素C含量：9.8mg（100g，FW）

食用品质：佳

丰产性：丰产稳产

果实成熟特性：中熟

综合评价：中熟，较抗炭疽病，耐贮运，丰产稳产。泰国的主栽品种。

树

成熟叶

幼　叶

花　序

果　实

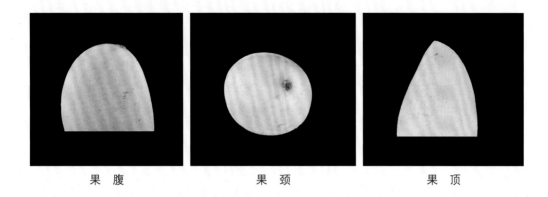

果 腹　　　　　　果 颈　　　　　　果 顶

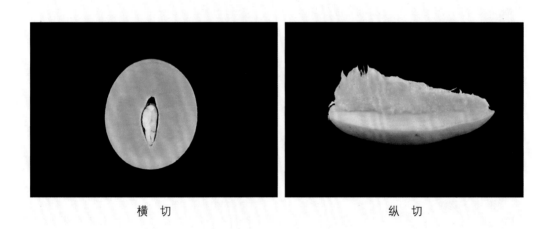

横 切　　　　　　纵 切

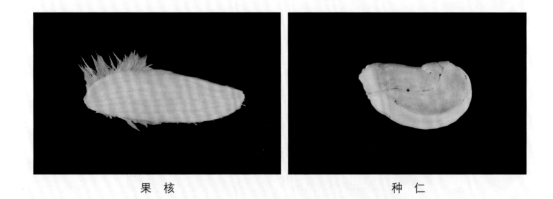

果 核　　　　　　种 仁

Neelum

品种名称：秋芒

外文名：Neelum

原产地：印度

资源类型：引进品种

主要用途：鲜食或加工

系谱：印度芒实生后代选出

种质来源地：1986年从泰国引进

盛花期：3月下旬至4月上旬（湛江）

成熟期：8月上中旬

果实发育期：约120d

树势：中等

两性花比率：12.5%～53.2%

果实形状：斜卵形

果实大小：中等

单果质量：400g

果实外观：差

青熟果果皮颜色：绿色

完熟果果皮颜色：黄色

果肉颜色：黄色

果肩：斜平

果洼：浅

果颈：无

果窝：深

果喙：无

果顶：钝

果肉纤维数量：中等偏少

果实香气：浓（椰香）

果实风味：甜

胚类型：单胚

结实性能：较好

可溶性固形物含量：16.7%

可滴定酸含量：0.12%

维生素C含量：7.62mg（100g，FW）

食用品质：中等

丰产性：丰产稳产

果实成熟特性：晚熟

综合评价：晚熟，易感煤烟病和细菌性角斑病，丰产稳产。可用作晚熟品种育种的亲本材料。

树

成熟叶

幼　叶

花 序

果 实

果 实 　　　　　　　　　　　果 腹

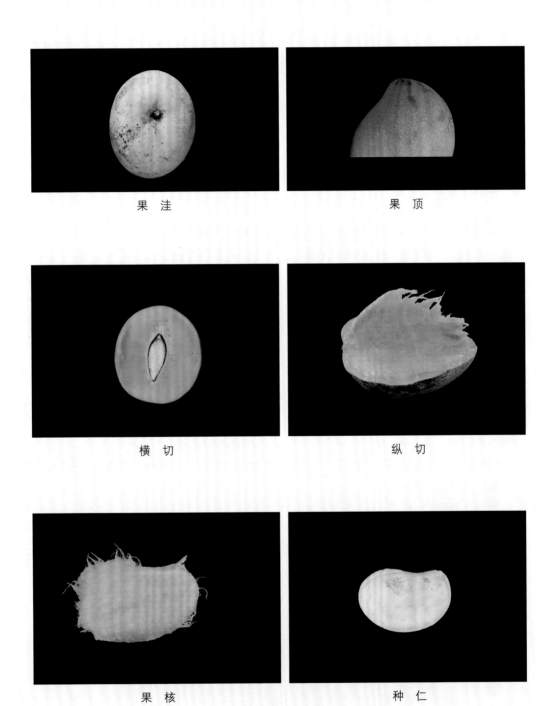

果 洼　　　　　　　　　果 顶

横 切　　　　　　　　　纵 切

果 核　　　　　　　　　种 仁

Ono

品种名称：澳脑

外文名：Ono

原产地：美国夏威夷

资源类型：引进品种

主要用途：鲜食

系谱：Haden 的实生后代

种质来源地：1997年中国热带农业科学院南亚热带作物研究所从澳大利亚引进

盛花期：3月上中旬（湛江）

成熟期：7月中下旬

果实发育期：约115d

树势：中等

果实形状：长椭圆形

果实大小：小

单果质量：202g

果实外观：佳

青熟果果皮颜色：绿色带红晕

完熟果果皮颜色：橙红色

果肉颜色：亮黄色

果肩：平

果洼：无

果颈：微突

果窝：无

果喙：无

果顶：钝

果肉纤维数量：中等

果实香气：淡

果实风味：酸甜

胚类型：单胚

结实性能：佳

可溶性固形物含量：17.6%

可滴定酸含量：0.38%

维生素C含量：6.05mg（100g，FW）

食用品质：中等

丰产性：丰产稳产

果实成熟特性：早中熟

综合评价：早中熟，产量较高且稳定，可作育种材料。

树

成熟叶

幼　叶

花　序

果　实

套双层袋果实

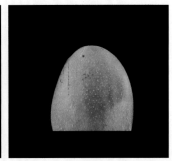

果腹 　　　　　果颈 　　　　　果顶

横切 　　　　　纵切

果核 　　　　　种仁

R2E2

品种名称：R2E2

外文名：R2E2

原产地：澳大利亚昆士兰

资源类型：引进品种

主要用途：鲜食

系谱：Kent实生后代

种质来源地：1997年中国热带农业科学院南亚热带作物研究所从澳大利亚引进

盛花期：3月上旬（湛江）

成熟期：7月上中旬

果实发育期：约120d

树势：壮旺

果实形状：斜卵圆形

果实大小：大

单果质量：716g

果实外观：佳

青熟果果皮颜色：绿色带粉红晕

完熟果果皮颜色：黄色带粉红晕

果肉颜色：柠檬黄

果肩：平

果洼：浅

果颈：无

果窝：浅

果喙：无

果顶：钝

果肉纤维数量：中等

果实香气：浓

果实风味：甜

胚类型：多胚

结实性能：中等

可溶性固形物含量：15.6%

可滴定酸含量：0.15%

维生素C含量：8.02mg（100g，FW）

食用品质：佳

丰产性：丰产稳产

果实成熟特性：中熟

综合评价：中熟，较抗炭疽病，耐贮运，丰产稳产。澳大利亚的主栽品种。

树

成熟叶

幼 叶

花　序

果　实

果　实　　　　　　　　　　　　果　腹

果　洼　　　　　　　　　　　　果　顶

横　切　　　　　　　　　　　　纵　切

果　核　　　　　　　　　　　　种　仁

Spooner

品种名称：斯本纳

外文名：Spooner

原产地：澳大利亚

资源类型：引进品种

主要用途：鲜食

种质来源地：1997年中国热带农业科学院南亚热带作物研究所从澳大利亚引进

盛花期：3月上旬（湛江）

成熟期：7月上中旬

果实发育期：约120d

树势：中等

两性花比率：24.5%～38.9%

果实形状：卵圆形

果实大小：大

单果质量：489g

果实外观：佳

青熟果果皮颜色：黄绿

完熟果果皮颜色：黄色

果肉颜色：亮黄色

腹沟：有

果肩：突起

果洼：深

果颈：无

果窝：无

果喙：点状

果顶：钝

果肉纤维数量：中等

果实香气：浓

果实风味：清甜

胚类型：单胚

结实性能：差

可溶性固形物含量：14.4%

可滴定酸含量：0.29%

维生素C含量：16.04mg（100g，FW）

食用品质：佳

丰产性：一般

果实成熟特性：中熟

综合评价：中熟，果肉细腻，品质极佳，结果不稳定。

树

成熟叶

幼 叶

花　序

果　实

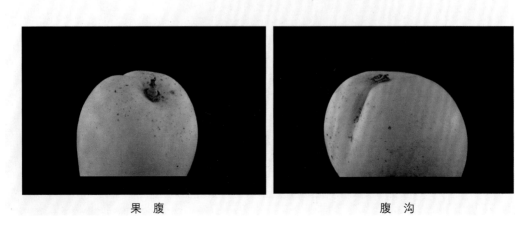

果　腹　　　　　　　　　　　腹　沟

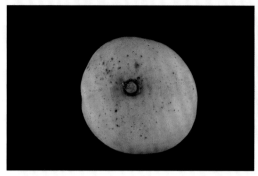

果　洼

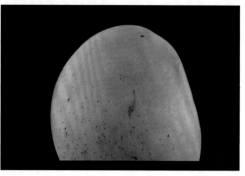

果　顶

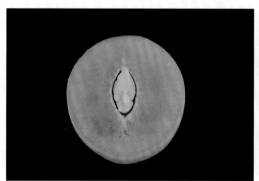

横　切

纵　切

果　核

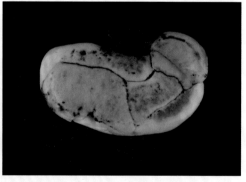

种　仁

Saigon

品种名称：西贡

外文名：Saigon

原产地：越南

资源类型：引进品种

主要用途：鲜食

种质来源地：1997年中国热带农业科学院南亚热带作物研究所从澳大利亚引进

盛花期：3月上旬（湛江）

成熟期：7月上旬

果实发育期：约110d

树势：中等

两性花比率：45.2%

果实形状：椭圆形

果实大小：中等

单果质量：263g

果实外观：佳

青熟果果皮颜色：青绿

完熟果果皮颜色：黄色带红晕

果肉颜色：橙黄色

果肩：平

果洼：浅

果颈：无

果窝：浅

果喙：无

果顶：尖

果肉纤维数量：中等

果实香气：淡

果实风味：甜

胚类型：多胚

结实性能：好

可溶性固形物含量：14.0%

可滴定酸含量：0.25%

维生素C含量：18.65mg（100g，FW）

食用品质：佳

丰产性：丰产稳产

果实成熟特性：早熟

综合评价：早熟、矮化、抗病性较好，高产稳产，品质中等，是一个极有前途的早熟优良品种。

树

成熟叶

幼　叶

花　序

果　实

果 实

果 腹

果 洼

果 顶

横 切

纵 切

果 核

种 仁

Tommy Atkins

品种名称：红芒9号

外文名：Tommy Atkins

原产地：美国佛罗里达

资源类型：引进品种

主要用途：鲜食

系谱：Haden 实生后代

种质来源地：1988年中国热带农业科学院南亚热带作物研究所从澳大利亚引进

盛花期：3月上中旬（湛江）

成熟期：7月中下旬

果实发育期：约125d

树势：中等偏弱

果实形状：近圆形

果实大小：大

单果质量：463 g

果实外观：佳

青熟果果皮颜色：中绿

完熟果果皮颜色：橙红

果肉颜色：橙黄色

果肩：突起

果洼：深

果颈：无

果窝：稍有

果喙：点状

果顶：钝

果肉纤维数量：多

果实香气：浓

果实风味：清甜

胚类型：单胚

结实性能：好

可溶性固形物含量：13.8%

可滴定酸含量：0.2%

维生素C含量：10.67mg（100g，FW）

食用品质：中等

丰产性：丰产稳产

果实成熟特性：早中熟

综合评价：高产、稳产、优质、色艳，抗炭疽病，耐贮运。

树

成熟叶

幼 叶

花　序

果　实

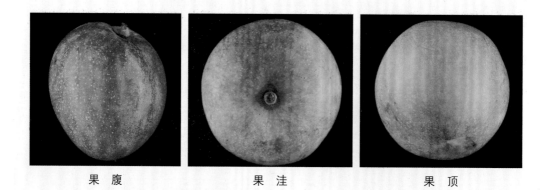

果腹　　　　　　　　果洼　　　　　　　　果顶

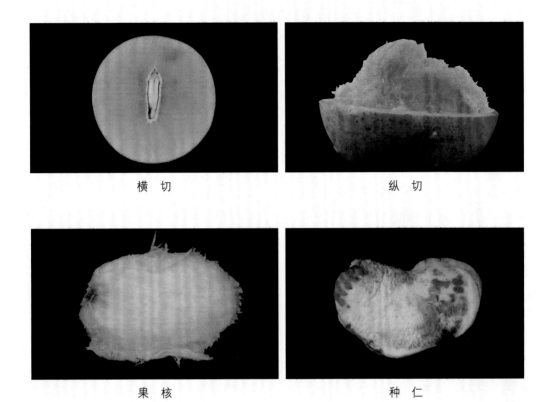

横 切   纵 切

果 核   种 仁

Van Dyke

品种名称：文迪克

外文名：Van Dyke

原产地：美国佛罗里达

资源类型：引进品种

主要用途：鲜食

种质来源地：1997年中国热带农业科学院南亚热带作物研究所从澳大利亚引进

盛花期：3月上旬（湛江）

成熟期：7月下旬

果实发育期：约110d

树势：中等

两性花比率：27.1%

果实形状：卵圆形

果实大小：中等

单果质量：312 g

果实外观：佳

青熟果果皮颜色：绿色带淡红晕

成熟果果皮颜色：亮黄带绯红晕

果肉颜色：橙黄色

果肩：平

果洼：中等

果颈：无

果窝：无

果喙：突出

果顶：圆

果肉纤维数量：中等偏多

果实香气：淡

果实风味：浓甜

胚类型：单胚

结实性能：中等

可溶性固形物含量：18.5%

可滴定酸含量：0.19%

维生素C含量：9.51mg（100g，FW）

食用品质：佳

丰产性：丰产稳产

果实成熟特性：早中熟

综合评价：早中熟，果实色艳，品质优良，产量高且稳定。

树

成熟叶

幼　叶

花　序

果　实

果 实

果 腹

果 洼

果 顶

横 切

纵 切

果 核

种 仁

Valencia Pride

品种名称：维纶西亚骄傲

外文名：Valencia Pride

原产地：美国佛罗里达州

资源类型：引进品种

主要用途：鲜食或加工

系谱：Haden实生后代

种质来源地：1997年中国热带农业科学院南亚热带作物研究所从澳大利亚引进

盛花期：3月上旬（湛江）

成熟期：7月下旬至8月上旬

果实发育期：约125d

树势：中等

两性花比率：14.6%

果实形状：S形

果实大小：大

单果质量：500g

果实外观：佳

青熟果果皮颜色：青绿带粉红晕

完熟果果皮颜色：黄色带红晕

果肉颜色：淡黄色

果肩：斜平

果洼：无

果颈：微突

果窝：深

果喙：无

果顶：圆

果肉纤维数量：中等

果实香气：淡

果实风味：清甜

胚类型：单胚

结实性能：差

可溶性固形物含量：15.8%

可滴定酸含量：0.82%

维生素C含量：21.6mg（100g，FW）

食用品质：一般

丰产性：丰产稳产

果实成熟特性：中晚熟

综合评价：中晚熟，结实性能差，加工、鲜食兼用。

树

成熟叶

幼　叶

花　序

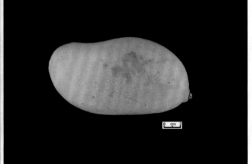

果　实

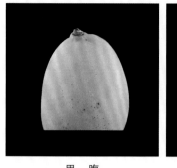

果 腹

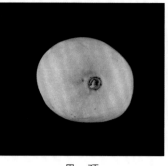

果 颈

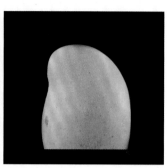

果 顶

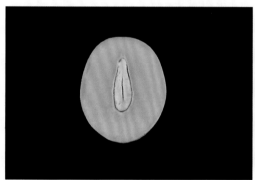

横 切

纵 切

果 核

种 仁

Zillate

品种名称：吉莱特

外文名：Zillate

原产地：美国佛罗里达州

资源类型：引进品种

主要用途：鲜食或加工

系谱：可能是Keitt的后代

种质来源地：1997年中国热带农业科学院南亚热带作物研究所从澳大利亚引进

盛花期：3月上旬（湛江）

成熟期：8月上中旬

果实发育期：约130d

树势：中等偏弱

两性花比率：32.4%～51.0%

果实形状：宽椭圆形

果实大小：大

单果质量：568g

果实外观：佳

青熟果果皮颜色：绿色带红晕

完熟果果皮颜色：黄色带红晕

果肉颜色：亮黄

果肩：突起

果洼：浅

果颈：无

果窝：浅

果喙：点状

果顶：钝

果肉纤维数量：中等

果实香气：淡

果实风味：酸甜

胚类型：单胚

结实性能：较好

可溶性固形物含量：16.5%

可滴定酸含量：0.27%

维生素C含量：3.51mg（100g，FW）

食用品质：佳

丰产性：丰产稳产

果实成熟特性：晚熟

综合评价：晚熟，较抗炭疽病，耐贮运，产量高且稳定，品质极优，成熟期与凯特相当，是一个适合晚熟地区发展的有希望的新优良品种。

树

成熟叶

幼　叶

花　序

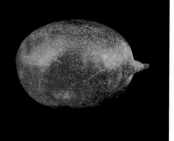

果　实

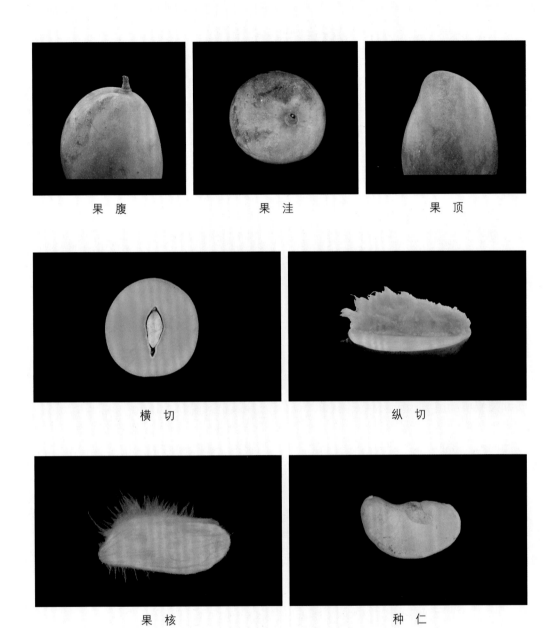

果腹　　　　　　　　果洼　　　　　　　　果顶

横切　　　　　　　　　　　　纵切

果核　　　　　　　　　　　　种仁

斯里兰卡811

品种名称：斯里兰卡811

外文名：Sri Lanka 811

原产地：斯里兰卡

资源类型：引进品种

主要用途：加工或鲜食

种质来源地：从广西引进

盛花期：2月下旬至3月上旬（湛江）

成熟期：7月上中旬

果实发育期：约120d

树势：中等偏弱

果实形状：肾形

果实大小：中等

单果质量：350 g

果实外观：差

青熟果果皮颜色：淡绿色

完熟果果皮颜色：黄色

果肉颜色：黄色

果肩：突起

果洼：深

果颈：无

果窝：无

果喙：点状

果顶：钝

果肉纤维数量：少

果实香气：淡

果实风味：酸甜

胚类型：多胚

结实性能：较好

可溶性固形物含量：13.4%～17.0%

食用品质：中等

丰产性：丰产稳产

果实成熟特性：中熟

综合评价：中熟，易感疮痂病，丰产稳产，鲜食时味淡。

树

成熟叶

幼　叶

花 序

果 实

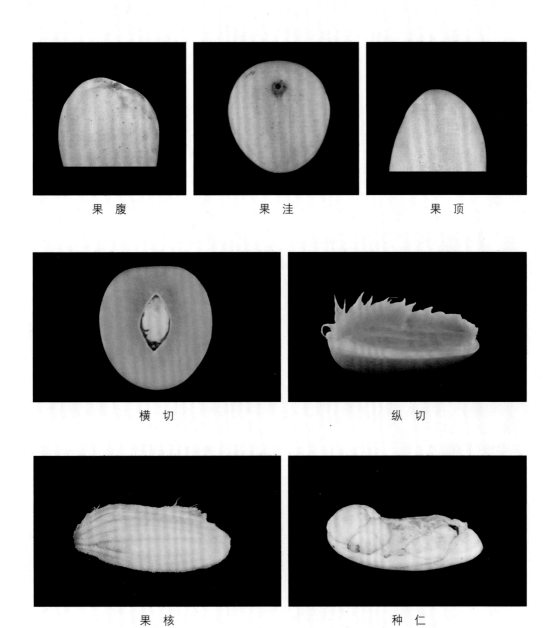

果腹　　　　　　　果洼　　　　　　　果顶

横切　　　　　　　　　　纵切

果核　　　　　　　　　　种仁

红芒10号

品种名称：红芒10号，又名草莓芒

外文名：Strawberry

原产地：不详

资源类型：引进品种

主要用途：鲜食或加工

种质来源地：1989年中国热带农业科学院南亚热带作物研究所从澳大利亚引进

盛花期：3月上旬（湛江）

成熟期：7月中旬

果实发育期：约120d

树势：中等

两性花比率：16.1%～20.5%

果实形状：斜卵形

果实大小：中等偏小

单果质量：267g

果实外观：佳

青熟果果皮颜色：绿色带紫红晕

完熟果果皮颜色：亮黄带红晕

果肉颜色：亮黄色

果肩：平

果洼：浅

果颈：无

果窝：浅

果喙：突出

果顶：钝

果肉纤维数量：中等

果实香气：中等

果实风味：酸甜

胚类型：单胚

结实性能：较好

可溶性固形物含量：18.1%

可滴定酸含量：0.34%

维生素C含量：1.65mg（100g，FW）

食用品质：佳

丰产性：丰产稳产

果实成熟特性：中熟

综合评价：中熟，丰产、稳产、优质、色艳。

树

成熟叶

幼 叶

花 序

果 实

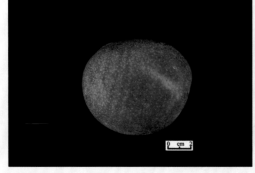

果 实

果 腹

果洼

果顶

横切

纵切

果核

种仁

第四节　国内外早期芒果品种

鹰嘴芒

品种名称：鹰嘴芒

外文名：Golek

原产地：印度尼西亚

资源类型：引进品种

主要用途：鲜食

盛花期：3月上中旬（湛江）

成熟期：7月上中旬

果实发育期：约120d

树势：弱

果实形状：长椭圆形

果实大小：中等偏小

单果质量：232g

果实外观：佳

青熟果果皮颜色：绿色

完熟果果皮颜色：黄色

果肉颜色：黄色

果肩：斜平

果洼：无

果颈：无

果窝：浅

果喙：点状

果顶：钝

果肉纤维数量：中等

果实香气：淡

果实风味：清甜

胚类型：多胚

结实性能：佳

可溶性固形物含量：18.7%

维生素C含量：9.97mg（100g，FW）

食用品质：佳

丰产性：丰产稳产

果实成熟特性：早中熟

综合评价：高产、稳产、优质、色艳，抗炭疽病，耐贮运。

树

0 cm 2

成熟叶

幼　叶

花　序

果 实

果 腹　　　　　　果 洼　　　　　　果 顶

横 切　　　　　　　　　　纵 切

果 核　　　　　　　　　　种 仁

鹦鹉芒

品种名称：鹦鹉芒

外文名：Yingwu mang

原产地：中国

资源类型：地方品种

主要用途：鲜食

盛花期：3月上旬（湛江）

成熟期：7月下旬

果实发育期：约130d

树势：壮旺

果实形状：卵肾形

果实大小：中等

单果质量：382 g

果实外观：佳

青熟果果皮颜色：深绿色

完熟果果皮颜色：柠檬黄

果肉颜色：淡黄色

果肩：斜平

果洼：无

果颈：微突

果窝：浅

果喙：无

果顶：钝

果肉纤维数量：少

果实香气：淡

果实风味：清甜

胚类型：多胚

结实性能：较好

可溶性固形物含量：19.5%

可滴定酸含量：0.15%

维生素C含量：5.64mg（100g，FW）

食用品质：极佳

丰产性：丰产稳产

果实成熟特性：晚熟

综合评价：高产、稳产、优质，抗炭疽病。

树

0 cm 2

成熟叶

幼　叶

花　序

果　实

果 实　　　　　　果 腹

果 洼　　　　　　果 顶

横 切　　　　　　纵 切

果 核　　　　　　种 仁

串 芒

品种名称：串芒

外文名：Chuan mang

原产地：中国广西

资源类型：引进品种

主要用途：鲜食或加工

系谱：象牙22号单株芽变

种质来源地：1986年从广西农学院引进

盛花期：3月中旬（湛江）

成熟期：7月中下旬

果实发育期：约120d

树势：较壮旺

果实形状：长椭圆形

果实大小：中等

单果质量：342g

果实外观：佳

青熟果果皮颜色：绿色

完熟果果皮颜色：黄绿

果肉颜色：亮黄

果肩：斜平

果洼：浅

果颈：无

果窝：浅

果喙：无

果顶：尖

果肉纤维数量：中等偏少

果实香气：淡

果实风味：酸甜

胚类型：多胚

结实性能：较好

可溶性固形物含量：14.5%

可滴定酸含量：0.37%

维生素C含量：5.1mg（100g，FW）

食用品质：中等

丰产性：丰产稳产

果实成熟特性：中熟

综合评价：外观美，肉质中等，在贫瘠坡地或干旱之地表现丰产，可适量种植。

树

0 cm2

成熟叶

幼 叶

花　序

果　实

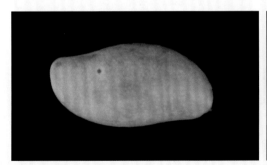
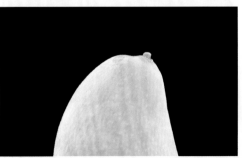

果　实　　　　　　　　　　　果　腹

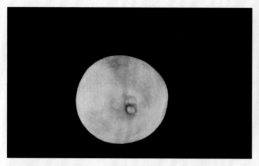

果 洼

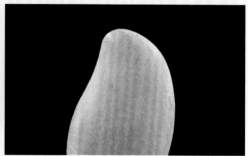

果 顶

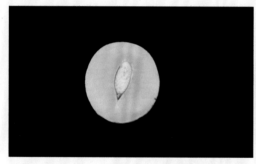

横 切

纵 切

果 核

种 仁

早 熟 芒

品种名称：早熟芒

外文名：Zaoshu mang

原产地：不详

资源类型：地方品种

主要用途：鲜食

盛花期：3月上旬（湛江）

成熟期：6月下旬至7月上旬

果实发育期：约110d

树势：中等

果实形状：卵肾形

果实大小：小

单果质量：175g

果实外观：佳

青熟果果皮颜色：绿色

完熟果果皮颜色：柠檬黄

果肉颜色：柠檬黄

果肩：斜平

果洼：浅

果颈：无

腹沟：有

果窝：浅

果喙：无

果顶：尖

果肉纤维数量：少至无

果实香气：淡

果实风味：酸甜

胚类型：多胚

结实性能：中等

可溶性固形物含量：24.1%

可滴定酸含量：0.19%

维生素C含量：9.8mg（100g，FW）

食用品质：佳

丰产性：差

果实成熟特性：早熟

综合评价：早熟、优质。

树

0 cm 2

成熟叶

幼 叶

花 序

果　实

矮芒

品种名称：矮芒

外文名：Ai mang

原产地：中国云南

资源类型：地方品种

主要用途：鲜食

种质来源地：2002年由云南省热带作物科学研究所引进

盛花期：3月中旬（湛江）

成熟期：7月上中旬

果实发育期：约120d

树势：中等偏弱

两性花比率：10%

果实形状：卵圆形

果实大小：中等

单果质量：225g

果实外观：中等

青熟果果皮颜色：黄色

完熟果果皮颜色：深黄色

果肉颜色：橙黄色

果肩：斜平

果洼：深

果颈：无

果窝：浅

果喙：点状

果顶：钝

果肉纤维数量：中等

果实香气：中等

果实风味：清甜

胚类型：多胚

结实性能：中等

可溶性固形物含量：18.23%

食用品质：中等

丰产性：丰产稳产

果实成熟特性：中熟

综合评价：中熟、高产、优质、矮化。

树

0 cm 2

成熟叶

幼 叶

花　序

果　实　　　　　　　　果　腹

果　洼　　　　　　　　果　顶

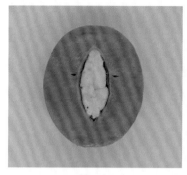

横　切

纵　切

果　核

种　仁

广西4号

品种名称：广西4号

外文名：Guangxi No.4

原产地：中国广西

资源类型：地方品种

主要用途：鲜食

种质来源地：1987年由广西农学院引进

盛花期：3月上旬（湛江）

成熟期：7月下旬至8月上旬

果实发育期：约130d

树势：中等偏弱

果实形状：长椭圆形

果实大小：中等

单果质量：240g

果实外观：中等

青熟果果皮颜色：黄绿色

完熟果果皮颜色：亮黄色

果肉颜色：亮黄色

果肩：平

果洼：浅

果颈：无

果窝：浅

果喙：无

果顶：钝

果肉纤维数量：多

果实香气：淡

果实风味：清甜

胚类型：多胚

结实性能：中等

可溶性固形物含量：19.00%

食用品质：佳

丰产性：丰产稳产

果实成熟特性：中熟

综合评价：高产、优质、矮化。

树

0 cm 2

成熟叶

幼　叶

花　序

果实

果腹

果洼

果顶

横切

纵切

果核

种仁

广西8号

品种名称：广西8号

外文名：Guangxi No.8

原产地：中国广西

资源类型：地方品种

主要用途：鲜食

种质来源地：1987年从广西农学院引进

盛花期：3月上旬（湛江）

成熟期：7月下旬至8月上旬

果实发育期：约130d

树势：中等

果实形状：象牙形

果实大小：中等

单果质量：314g

果实外观：中等

青熟果果皮颜色：黄色

完熟果果皮颜色：橙黄色

果肉颜色：亮黄色

果肩：斜平

果洼：无

果颈：中等

果窝：浅

果喙：点状

果顶：钝

果肉纤维数量：多

果实香气：淡

果实风味：清甜

胚类型：多胚

结实性能：中等

可溶性固形物含量：13.1%

食用品质：中等

丰产性：丰产稳产

果实成熟特性：中熟

综合评价：高产、优质、矮化。

树

成熟叶

0 cm 2

幼　叶

花　序

果　实

果　腹

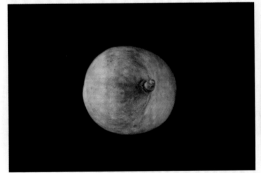

果　颈

果　腹

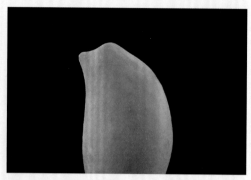

果 顶

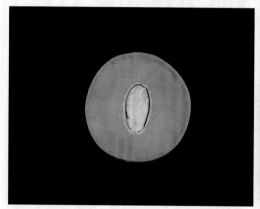

横 切

纵 切

果 核

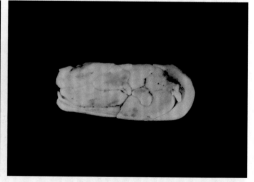

种 仁

小 鸡 芒

品种名称：小鸡芒

外文名：Xiaoji mang

资源类型：地方品种

主要用途：鲜食

种质来源地：2002年由云南省热带作物科学研究所引进

盛花期：3月上旬（湛江）

成熟期：6月下旬

果实发育期：约110d

树势：中等偏弱

果实形状：肾形

果实大小：小

单果质量：127g

果实外观：中等

青熟果果皮颜色：黄色

完熟果果皮颜色：亮黄色

果肉颜色：黄色

果肩：斜平

果洼：中等

果颈：无

果窝：浅

果喙：无

果顶：钝

果肉纤维数量：中等

果实香气：淡

果实风味：酸甜

胚类型：单胚

结实性能：中等

可溶性固形物含量：16.27%

食用品质：中等

丰产性：丰产稳产

果实成熟特性：早中熟

综合评价：果小、优质、矮化，可作育种材料。

树

成熟叶

幼 叶

花　序

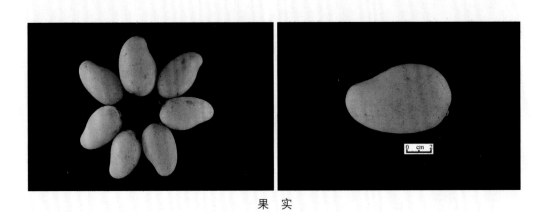

果　实

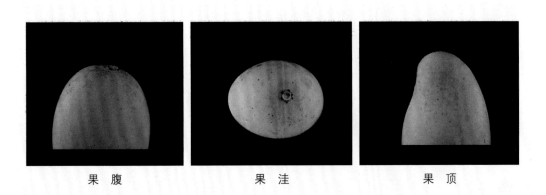

果腹　　　　　　　　　果洼　　　　　　　　　果顶

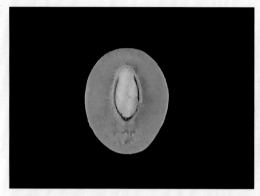

横 切

纵 切

果 核

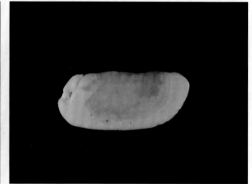

种 仁

甘 红

品种名称：甘红

外文名：Ganhong

原产地：不详

资源类型：地方品种

主要用途：鲜食或加工

种质来源地：2004年4月由广州甘蔗糖业研究所海南甘蔗育种场引进

盛花期：2月下旬至3月上旬（湛江）

成熟期：6月下旬至7月上旬

果实发育期：约120d

树势：中等偏弱

果实形状：肾形

果实大小：大

单果质量：947g

果实外观：佳

青熟果果皮颜色：红色

完熟果果皮颜色：红色

果肉颜色：金黄色

果肩：斜平

果洼：中等

果颈：无

果窝：浅

果喙：点状

果顶：尖

果肉纤维数量：少

果实香气：中等

果实风味：浓甜

胚类型：单胚

结实性能：佳

可溶性固形物含量：16.6%

可滴定酸含量：0.23%

维生素C含量：7.45mg（100g，FW）

食用品质：佳

丰产性：丰产稳产

果实成熟特性：中熟

综合评价：高产、稳产、优质、色艳，抗炭疽病，耐贮运。

树

0cm2

成熟叶

幼 叶

花　序

果　实

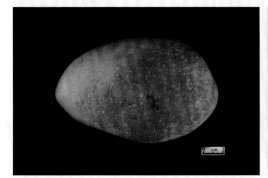

果　实

果　肉

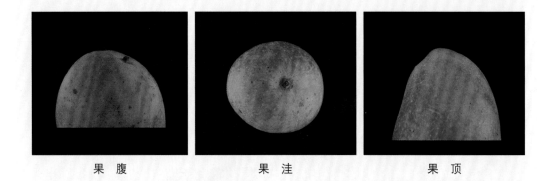

果腹　　　　　　　　果洼　　　　　　　　果顶

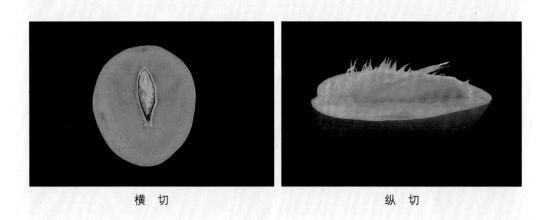

横切　　　　　　　　　　　　纵切

果核　　　　　　　　　　　　种仁

古巴1号

品种名称：古巴1号

外文名：Guba No.1

原产地：古巴

资源类型：引进品种

主要用途：鲜食

种质来源地：2002年由中国热带农业科学院海口分院引进

盛花期：2月下旬至3月上旬（湛江）

成熟期：7月上中旬

果实发育期：约120d

树势：中等

果实形状：圆球形

果实大小：大

单果质量：466g

果实外观：佳

青熟果果皮颜色：绿色带红晕

完熟果果皮颜色：黄色带红晕

果肉颜色：橙黄色

果肩：平

果洼：浅

果颈：无

果窝：无

果喙：无

果顶：圆

果肉纤维数量：多

果实香气：淡

果实风味：酸甜

胚类型：单胚

结实性能：佳

可溶性固形物含量：15.3%

可滴定酸含量：0.253%

维生素C含量：13.46mg（100g，FW）

食用品质：佳

丰产性：丰产稳产

果实成熟特性：中熟

综合评价：中熟、高产稳产、优质、抗性强。

树

0cm 2

成熟叶

幼　叶

花 序

果 实

果 腹 　　　　　 果 洼 　　　　　 果 顶

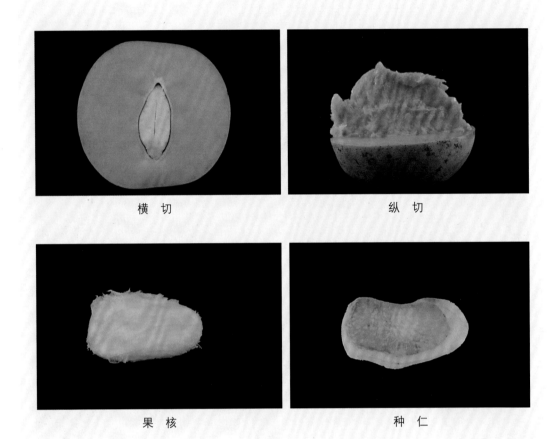

横 切 纵 切

果 核 种 仁

古巴2号

品种名称：古巴2号

外文名：Guba No.2

原产地：古巴

资源类型：引进品种

主要用途：鲜食

种质来源地：2002年由中国热带农业科学院海口分院引进

盛花期：2月下旬至3月上旬（湛江）

成熟期：6月下旬至7月上旬

果实发育期：约120d

树势：中等

果实形状：卵圆形

果实大小：中等

单果质量：323g

果实外观：中等

青熟果果皮颜色：绿色带红晕

完熟果果皮颜色：黄色带红晕

果肉颜色：橙黄色

果肩：平

果洼：浅

果颈：无

果窝：无

果喙：无

果顶：钝

果肉纤维数量：少

果实香气：淡

果实风味：浓甜

胚类型：单胚

结实性能：中等

可溶性固形物含量：15.3%

可滴定酸含量：0.116%

维生素C含量：5.633mg（100g，FW）

食用品质：佳

丰产性：丰产稳产

果实成熟特性：中熟

综合评价：中熟、高产、优质。

树

0cm 2

成熟叶

幼　叶

花 序

果 实

果 实　　　　　　　　　　　　果 腹

果 洼

果 顶

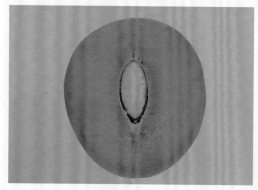

横 切

纵 切

果 核

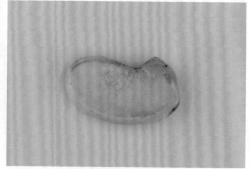

种 仁

古巴3号

品种名称：古巴3号

外文名：Guba No.3

原产地：古巴

资源类型：引进品种

主要用途：鲜食

种质来源地：2002年由中国热带农业科学院海口分院引进

盛花期：3月上旬（湛江）

成熟期：7月上中旬

果实发育期：约120d

树势：中等偏弱

果实形状：卵形

果实大小：小

单果质量：550g

果实外观：中等

青熟果果皮颜色：绿色带红晕

完熟果果皮颜色：黄色带红晕

果肉颜色：金黄色

果肩：平

果洼：浅

果颈：无

果窝：无

果喙：点状

果顶：钝

果肉纤维数量：少

果实香气：淡

果实风味：清甜

胚类型：单胚

结实性能：中等

可溶性固形物含量：16.2%

可滴定酸含量：0.26%

维生素C含量：7.785mg（100g，FW）

食用品质：中等

丰产性：丰产稳产

果实成熟特性：中熟

综合评价：中熟、高产、优质、矮化。

树

成熟叶

幼 叶

花　序

果　实

果腹　　　　　　果洼　　　　　　果顶

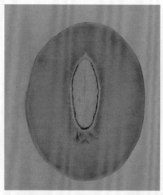

横　切　　　　　　　　　　纵　切

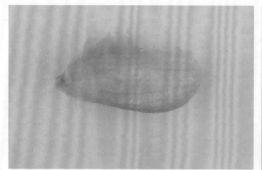
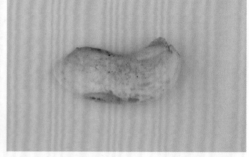

果　核　　　　　　　　　　种　仁

憶　　文

品种名称：憶文

外文名：Yiwen

原产地：中国台湾

资源类型：引进品种

主要用途：鲜食

系谱：金煌 × 爱文

种质来源地：2004年由广州甘蔗糖业研究所海南甘蔗育种场引进

盛花期：3月中旬（湛江）

成熟期：7月中下旬

果实发育期：约120d

树势：中等

果实形状：卵圆形

果实大小：大

单果质量：225g

果实外观：中等

青熟果果皮颜色：紫色

完熟果果皮颜色：红色

果肉颜色：金黄色

果肩：平

果洼：深

果颈：无

果窝：浅

果喙：无

果顶：钝

果肉纤维数量：少

果实香气：中等

果实风味：酸甜

胚类型：单胚

结实性能：中等

可溶性固形物含量：14.7%

食用品质：佳

丰产性：丰产稳产

果实成熟特性：中熟

综合评价：丰产稳产、优质。

树

成熟叶

幼 叶

花 序

果　实

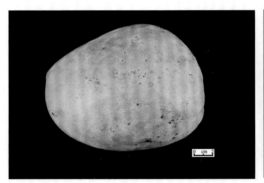

果　实

果　腹

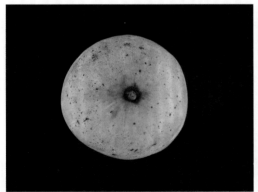

果　洼

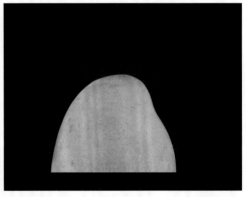

果　顶

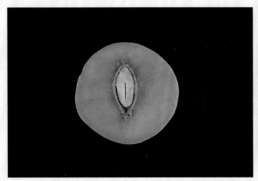

横 切

纵 切

果 核

种 仁

大 憶 文

品种名称：大憶文

外文名：Da Yiwen

原产地：中国台湾

资源类型：引进品种

主要用途：鲜食

种质来源地：2004年由广州甘蔗糖业研究所海南甘蔗育种场引进

盛花期：3月上中旬（湛江）

成熟期：7月中旬

果实发育期：约130d

树势：中等

果实形状：卵形

果实大小：大

单果质量：780g

果实外观：中等

青熟果果皮颜色：绿色带红晕

完熟果果皮颜色：黄色带红晕

果肉颜色：金色

果肩：平

果洼：中等

果颈：无

果窝：无

果喙：突出

果顶：圆

果肉纤维数量：少

果实香气：淡

果实风味：清甜

胚类型：单胚

结实性能：中等

可溶性固形物含量：13.6%

可滴定酸含量：0.47%

维生素C含量：16.19mg（100g，FW）

食用品质：中等

丰产性：丰产稳产

果实成熟特性：中熟

综合评价：中熟、高产、优质。

树

成熟叶

幼 叶

花 序

果 实

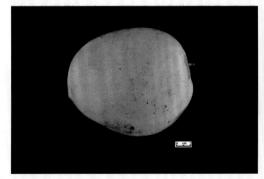
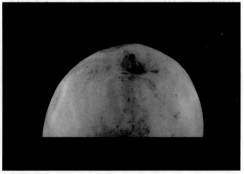

果 实　　　　　　　　　　果 腹

果洼　　　　　　　　　　果顶

横切　　　　　　　　　　纵切

果核　　　　　　　　　　种仁

憶文青皮

品种名称：憶文青皮

外文名：Yiwen Qingpi

原产地：中国台湾

资源类型：引进品种

主要用途：鲜食

种质来源地：2004年由广州甘蔗糖业研究所海南甘蔗育种场引进

盛花期：3月上旬（湛江）

成熟期：7月上中旬

果实发育期：约120d

树势：中等

果实形状：卵形

果实大小：极大

单果质量：830g

果实外观：佳

青熟果果皮颜色：绿色带红晕

完熟果果皮颜色：黄色带红晕

果肉颜色：乳黄色

果肩：平

果洼：无

果颈：无

果窝：无

果喙：突出

果顶：圆

果肉纤维数量：少

果实香气：淡

果实风味：甜

胚类型：单胚

结实性能：中等

可溶性固形物含量：13.9%

可滴定酸含量：0.20%

维生素C含量：1.72mg（100g，FW）

食用品质：中等

丰产性：丰产稳产

果实成熟特性：中熟

综合评价：中熟，果大，高产、优质、抗性强。

树

成熟叶

幼 叶

花 序

果 实

果 实

果 腹

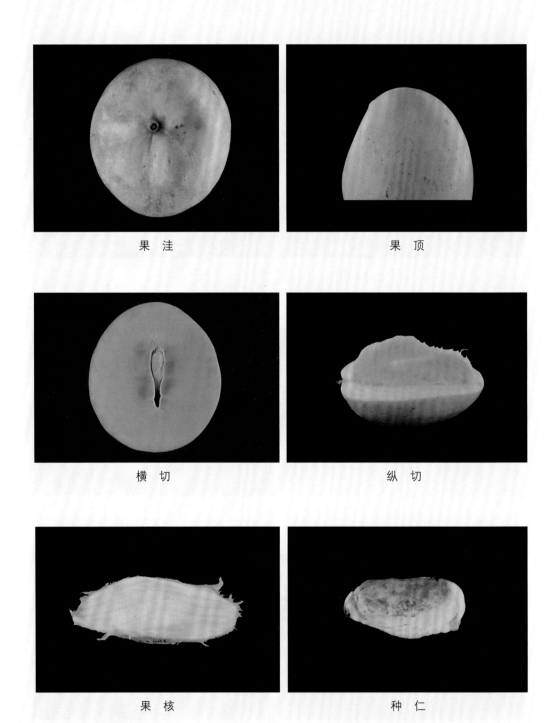

果洼

果顶

横切

纵切

果核

种仁

1030

品种名称：1030

外文名：1030

资源类型：引进品种

主要用途：鲜食

种质来源地：2004年由广州甘蔗糖业研究所海南甘蔗育种场引进

盛花期：3月上旬（湛江）

成熟期：7月上中旬

果实发育期：约120d

树势：中等

果实形状：S形

果实大小：大

单果质量：300g

果实外观：中等

青熟果果皮颜色：绿色

完熟果果皮颜色：柠檬黄色

果肉颜色：金黄色

果肩：平

果洼：无

果颈：微突

果窝：浅

果喙：点状

果顶：钝

果肉纤维数量：少

果实香气：中等

果实风味：酸甜

胚类型：多胚

结实性能：中等

可溶性固形物含量：17.7%

可滴定酸含量：0.28%

维生素C含量：6.6mg（100g，FW）

食用品质：中等

丰产性：丰产稳产

果实成熟特性：中熟

综合评价：高产、优质。

树

0cm2

成熟叶

幼　叶

花　序

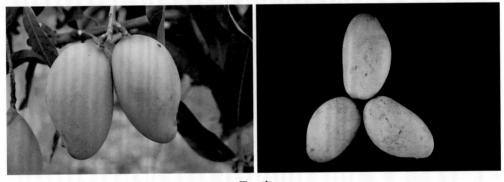

果　实

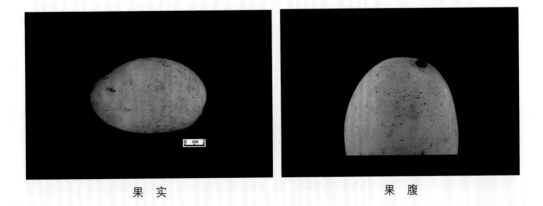

果　实　　　　　　　　　　　　果　腹

果颈

果顶

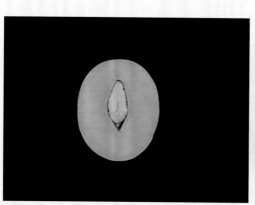

横切

纵切

果核

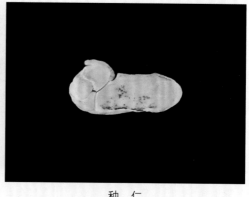

种仁

泰国生食芒

品种名称：泰国生食芒

外文名：Keawsaweuy

原产地：泰国

资源类型：引进品种

主要用途：鲜食

种质来源地：2004年由广州甘蔗糖业研究所海南甘蔗育种场引进

盛花期：3月上旬（湛江）

成熟期：6月下旬至7月上旬

果实发育期：约110d

树势：中等

果实形状：宽卵形

果实大小：小

单果质量：225g

果实外观：中等

青熟果果皮颜色：青绿色

完熟果果皮颜色：绿黄色

果肉颜色：黄色

果肩：平

果洼：浅

果颈：无

果窝：无

果喙：无

果顶：尖

果肉纤维数量：少

果实香气：中等

果实风味：清甜

胚类型：多胚

结实性能：中等

可溶性固形物含量：17.6％

食用品质：佳

丰产性：丰产稳产

果实成熟特性：早熟

综合评价：早熟，高产，品质中等，成熟的果实果皮暗绿色或稍带黄色，适合生食。

树

成熟叶

幼 叶

花 序

果 实

果腹　　　　　　　　果洼　　　　　　　　果顶

横切　　　　　　　　　　　　纵切

果核　　　　　　　　　　　　种仁

泰国白花芒

品种名称：泰国白花芒，又名青皮芒

外文名：Okrong

原产地：泰国

资源类型：引进品种

主要用途：鲜食

种质来源地：2002年由中国热带农业科学院海口分院引进

盛花期：2月下旬至3月上旬（湛江）

成熟期：7月上中旬

果实发育期：约120d

树势：中等偏弱

果实形状：象牙形

果实大小：中等偏小

单果质量：240g

果实外观：佳

青熟果果皮颜色：深绿色

完熟果果皮颜色：黄绿色

果肉颜色：乳黄色至浅黄色

果肩：斜平

果洼：无

果颈：微突

果窝：浅

果喙：无

果顶：尖

果肉纤维数量：极少

果实香气：中等

果实风味：浓甜

胚类型：多胚

结实性能：中等

可溶性固形物含量：17.2%～22.0%

可滴定酸含量：0.19%

维生素C含量：7.21mg（100g，FW）

食用品质：佳

丰产性：差

果实成熟特性：中熟

综合评价：我国芒果种植区均有少量栽培，其中云南和海南栽培较多，是泰国的主要栽培品种之一。该品种春季干旱地区能年年结果，但花期遇低温阴雨会出现花而不实，并且易裂果。

树

0cm 2

成熟叶

幼　叶

花　序

果　实

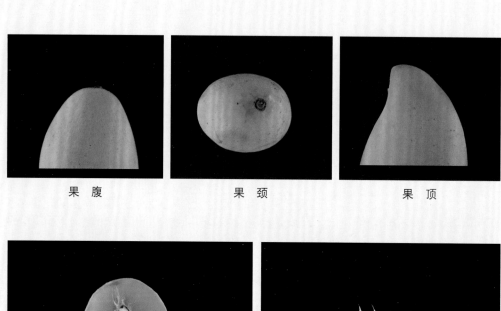

果腹　　　　　　果颈　　　　　　果顶

横切　　　　　　　　　　纵切

果核　　　　　　　　　　种仁

四季芒

品种名称：四季芒

外文名：Choke Anand

资源类型：引进品种

主要用途：鲜食

种质来源地：2002年由中国热带农业科学院海口分院引进

盛花期：2月下旬至3月上旬（湛江）

成熟期：6月下旬至7月上旬

果实发育期：约130d

树势：中等

果实形状：卵肾形

果实大小：中等

单果质量：210g

果实外观：中等

青熟果果皮颜色：绿黄色

完熟果果皮颜色：金黄色

果肉颜色：橙黄色

果肩：斜平

果洼：浅

果颈：无

果窝：浅

果喙：无

果顶：尖

果肉纤维数量：多

果实香气：浓

果实风味：浓甜

胚类型：多胚

结实性能：好

可溶性固形物含量：20%

可滴定酸含量：0.27%

维生素C含量：44.15mg（100g，FW）

食用品质：中等

丰产性：丰产稳产

果实成熟特性：一年多次开花结果

综合评价：正季果高产稳产，质优，一年多次开花结果。

树

0cm2

成熟叶

幼 叶

花 序

青熟果实

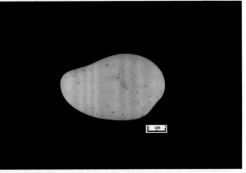

果 实

果腹　　　　　　果洼　　　　　　果顶

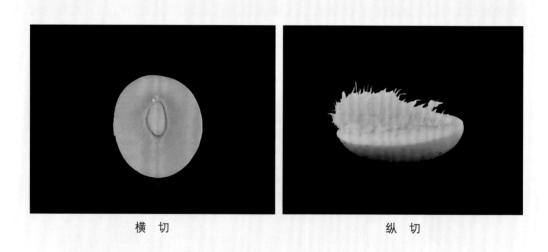

横切　　　　　　　　纵切

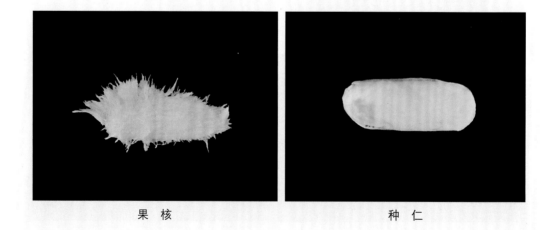

果核　　　　　　　　种仁

兴热2号

品种名称：兴热2号

外文名：Xingre No.2

原产地：中国海南兴隆农场

资源类型：地方品种

主要用途：鲜食

种质来源地：2004年由中国热带农业科学院海口分院引进

盛花期：2月下旬至3月上旬（湛江）

成熟期：6月下旬至7月上旬

果实发育期：约120d

树势：中等偏弱

果实形状：圆球形

果实大小：中等

单果质量：340g

果实外观：佳

青熟果果皮颜色：绿色带红晕

完熟果果皮颜色：黄色带紫红晕

果肉颜色：橙红色

果肩：斜平

果洼：浅

果颈：无

果窝：无

果喙：无

果顶：钝

果肉纤维数量：多

果实香气：淡

果实风味：清甜

胚类型：单胚

结实性能：一般

可溶性固形物含量：13.7%

可滴定酸含量：0.13%

维生素C含量：20.12mg（100g，FW）

食用品质：中等

丰产性：中等

果实成熟特性：中熟

综合评价：丰产、稳产、优质、色艳，抗炭疽病，耐贮运。

树

成熟叶

幼 叶

花 序

果 实

果 腹　　　　　　果 洼　　　　　　果 顶

横 切　　　　　　　　　　纵 切

果 核　　　　　　　　　　种 仁

齐内亚1号

品种名称：齐内亚1号

外文名：Guinea No.1

原产地：几内亚

资源类型：引进品种

主要用途：鲜食

种质来源地：2002年由中国热带农业科学院海口分院引进

盛花期：2月下旬至3月上旬（湛江）

成熟期：6月下旬至7月上旬

果实发育期：约125d

树势：中等

果实形状：狭长椭圆形

果实大小：中等

单果质量：300g

果实外观：佳

青熟果果皮颜色：绿色

完熟果果皮颜色：黄色

果肉颜色：橙黄色

果肩：平

果洼：深

果颈：无

果窝：无

果喙：点状

果顶：钝

果肉纤维数量：中等

果实香气：淡

果实风味：酸甜

胚类型：多胚

结实性能：佳

可溶性固形物含量：14.2%

可滴定酸含量：0.25%

维生素C含量：5.02mg（100g，FW）

食用品质：中等

丰产性：丰产稳产

果实成熟特性：中熟

综合评价：高产、稳产、优质，抗炭疽病。

树

成熟叶

幼 叶

花　序

果　实

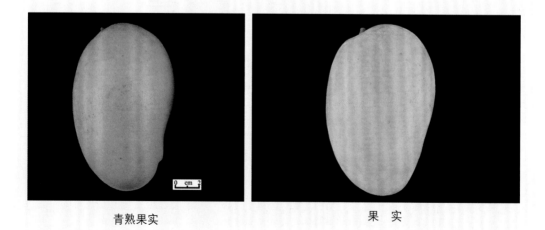

青熟果实　　　　　　　　　　　　　果　实

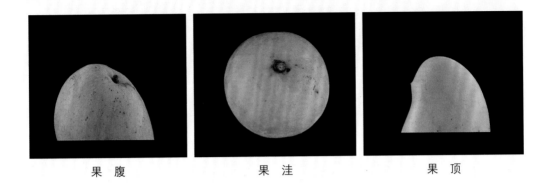

果 腹　　　　　　　果 洼　　　　　　　果 顶

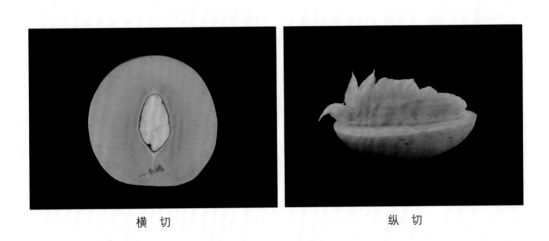

横 切　　　　　　　　　　纵 切

果 核　　　　　　　　　　种 仁

齐内亚2号

品种名称：齐内亚2号

外文名：Guinea No.2

原产地：几内亚

资源类型：引进品种

主要用途：鲜食

种质来源地：2002年由中国热带农业科学院海口分院引进

盛花期：2月下旬至3月上旬（湛江）

成熟期：6月下旬

果实发育期：约120d

树势：中等

果实形状：椭圆形

果实大小：中等

单果质量：340g

果实外观：佳

青熟果果皮颜色：绿色

完熟果果皮颜色：亮黄色

果肉颜色：金黄色

果肩：平

果洼：深

果颈：无

果窝：无

果喙：点状

果顶：圆

果肉纤维数量：多

果实香气：中等

果实风味：清甜

胚类型：单胚

结实性能：中等

可溶性固形物含量：16.0%

食用品质：中等

丰产性：丰产

果实成熟特性：早中熟

综合评价：高产、稳产、优质、色艳，抗炭疽病，耐贮运。

树

0 cm 2

成熟叶

幼　叶

花　序

果　实

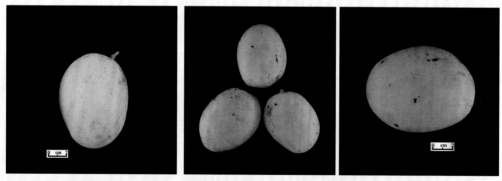

青熟果实　　　　　　　　　成熟果实

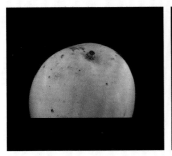

果腹

果洼

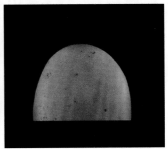

果顶

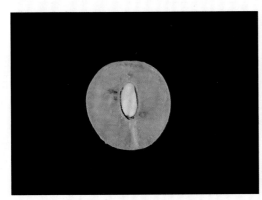

横切

纵切

果核

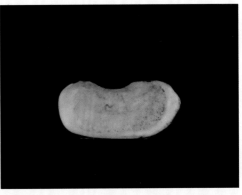

种仁

主要参考文献

陈业渊, 2005. 热带、南亚热带果树种质资源描述规范. 北京: 中国农业出版社.

李桂生, 1993. 芒果栽培技术. 广州: 广东科技出版社.

罗关兴, 王军, 2013. 金沙江干热河谷区芒果品种资源图谱. 成都: 四川科学技术出版社.

马蔚红, 姚全胜, 孙光明, 2005. 芒果种质资源果实重要经济性状多样性分析. 热带作物学报, 26 (3) :7-11.

蒲富基, 1990. 果树种质资源描述符: 记载项目及评价标准. 北京: 农业出版社.

许树培, 陈业渊, 高爱平, 2010. 海南芒果品种资源图谱. 北京: 中国农业出版社.

International Plant Genetic Resources Institute (IPGRI), 2006. Descriptors for mango (*Mangifera indica* L.). Italy: International Plant Genetic Resources Institute.